Harald Heinrichs
Heiko Grunenberg

# Klimawandel und Gesellschaft

Perspektive
Adaptionskommunikation

**VS VERLAG** FÜR SOZIALWISSENSCHAFTEN

Bibliografische Information der Deutschen Nationalbibliothek
Die Deutsche Nationalbibliothek verzeichnet diese Publikation in der
Deutschen Nationalbibliografie; detaillierte bibliografische Daten sind im Internet über
<http://dnb.d-nb.de> abrufbar.

1. Auflage 2009

Alle Rechte vorbehalten
© VS Verlag für Sozialwissenschaften | GWV Fachverlage GmbH, Wiesbaden 2009

Lektorat: Katrin Emmerich/ Sabine Schöller

VS Verlag für Sozialwissenschaften ist Teil der Fachverlagsgruppe
Springer Science+Business Media.
www.vs-verlag.de

Das Werk einschließlich aller seiner Teile ist urheberrechtlich geschützt. Jede Verwertung außerhalb der engen Grenzen des Urheberrechtsgesetzes ist ohne Zustimmung des Verlags unzulässig und strafbar. Das gilt insbesondere für Vervielfältigungen, Übersetzungen, Mikroverfilmungen und die Einspeicherung und Verarbeitung in elektronischen Systemen.

Die Wiedergabe von Gebrauchsnamen, Handelsnamen, Warenbezeichnungen usw. in diesem Werk berechtigt auch ohne besondere Kennzeichnung nicht zu der Annahme, dass solche Namen im Sinne der Warenzeichen- und Markenschutz-Gesetzgebung als frei zu betrachten wären und daher von jedermann benutzt werden dürften.

Umschlaggestaltung: KünkelLopka Medienentwicklung, Heidelberg
Druck und buchbinderische Verarbeitung: Krips b.v., Meppel
Gedruckt auf säurefreiem und chlorfrei gebleichtem Papier
Printed in the Netherlands

ISBN 978-3-531-15844-0

# Danksagung

Die dem Buch zu Grunde liegende Studie wäre kaum umzusetzen gewesen, wenn nicht ein gut funktionierendes Team im Arbeitsbereich „Partizipation, Kooperation und nachhaltige Entwicklung" am Institut für Umweltkommunikation der Leuphana Universität Lüneburg im Hintergrund tätig gewesen wäre. Allen voran sind Klaas Nuttbohm, Tobias Winkelmann und Ole Hildebrandt zu nennen, die als studentische Mitarbeiter weit mehr als die studentischen Tätigkeiten übernommen haben. Tatkräftig im Tagesgeschäft mitgewirkt haben auch Maren Knolle und Gesa Lüdecke. Meinfried Striegnitz und Katina Kuhn standen uns mit Expertise und Idee zur Seite. Für das Lektorat bedanken wir uns bei Gesa Steinbrink.

Gedankt sei auch dem Team um Prof. Dr. Arthur P. Mol von der Wageningen University, Niederlande. Das Theoriekapitel, das während eines Gastaufenthaltes von Harald Heinrichs in Wageningen entstand, hat entscheidend von der inspirierenden Atmosphäre in der Environmental Policy Group der Universität profitiert.

Letztlich sei dem gesamten Projektteam des INNIG-Verbunds und dem Mittelgeber, dem Bundesministerium für Bildung und Forschung, gedankt sowie der Leitung um Bastian Schuchardt und Michael Schirmer für die konstruktive und sachliche Mischung aus gewährender Distanz und fruchtbarer Auseinandersetzung während der Projektphase, aus der dieses Buch hervorgegangen ist.

# Inhalt

Danksagung ........................................................................................................ 5
Inhalt .................................................................................................................. 7
Tabellenverzeichnis ........................................................................................... 9
Abbildungsverzeichnis .................................................................................... 11
1. Einleitung: Globaler Wandel, Adaption und Kommunikation ................ 13
2. Herausforderung: Globaler Wandel und lokale Anpassung .................... 17
   2.1 Theoretisch-konzeptioneller Ansatz: Adaptionskommunikation ............... 26
      2.1.1 Katastrophenkommunikation ............................................................ 26
      2.1.2 Risikokommunikation ........................................................................ 31
      2.1.3 Nachhaltigkeitskommunikation ......................................................... 40
   2.2 Adaptionskommunikationen ....................................................................... 43
      2.2.1 Was ist das neue an der Adaptionskommunikation? ........................ 44
      2.2.2 Kommunikationsziel Handlungskompetenz ..................................... 46
3. Fallstudie: Klimawandel, Hochwasser, Adaption ..................................... 47
   3.1 Hochwasser .................................................................................................. 48
   3.2 Die räumlich-geografische Lage des Untersuchungsgebiets ..................... 51
   3.3 Das Untersuchungsdesign ........................................................................... 54
      3.3.1 Die Analyse der institutionellen Kommunikation zu Hochwasser und Klimawandel ........................................................................... 54
      3.3.2 Die Analyse der Repräsentationen von Hochwasser und Klimawandel ......................................................................................... 56
4. Informationsumwelten der Bürgerinnen und Bürger .............................. 61
   4.1 Institutionelle Kommunikation über Hochwasser und Klimawandel ...... 61
      4.1.1 Darstellung des Risikos ..................................................................... 63
      4.1.2 Darstellung der individuellen und öffentlichen Schutzaktivitäten ....... 65
      4.1.3 Empfohlene Informationskanäle ...................................................... 66
      4.1.4 Der Klimawandel .............................................................................. 67
      4.1.5 Die Grundstimmung ......................................................................... 68
      4.1.6 Gesamt-Einschätzung der Kommunikationsaktivitäten ................... 68
   4.2 Die Analyse der Medienberichterstattung .................................................. 69
   4.3 Zusammenfassung: Informationsumwelt ................................................... 81
5. Die Repräsentationen der Bürgerinnen und Bürger ................................ 85

5.1 Repräsentative Befragung und Fokusgruppen ............85
   5.1.1 Hochwasser im Kontext ............87
   5.1.2 Katastrophenwahrnehmung und -kommunikation ............93
   5.1.3 Risikowahrnehmung und -kommunikation ............102
   5.1.4 Nachhaltigkeitswahrnehmung und -kommunikation ............128
   5.1.5 Weitere Analysen I: Typen der Verantwortungszuschreibung ............152
   5.1.6 Weitere Analysen II: Zusammenschau der Kommunikationsdimensionen ............158
   5.1.7 Fazit Fallstudie ............164

**6. Globaler Wandel und Adaptionskommunikation ............ 169**

**7. Literatur ............ 175**

**8. Anhang ............ 181**

# Tabellenverzeichnis

Tabelle 1: Faktoren für die Wahrnehmung des Hochwasserrisikos ............... 36
Tabelle 2: Sicherheits- und Risikokultur .................................................. 50
Tabelle 3: Thematisierung von Vorsorgemaßnahmen als Hauptthema ........ 70
Tabelle 4: Thematisierung von Flusshochwasser und Sturmflut vor Ort als Hauptthema ........................................................................................... 71
Tabelle 5: Thematisierung von Schaden und Risiko (Hauptthema) ............. 72
Tabelle 6: Thematisierung von Klimawandelaspekten (Hauptthema) .......... 73
Tabelle 7: Tenor der Berichterstattung .................................................... 75
Tabelle 8: Ort der Referenz .................................................................... 75
Tabelle 9: Unsicherheitsdimension: Schaden oder Risiko? ........................ 76
Tabelle 10: Bei eingetretenem Schaden: Schadenkorpus .......................... 76
Tabelle 11: Ursache des Risikos .............................................................. 79
Tabelle 12: Ursache des Risikos .............................................................. 79
Tabelle 13: Risikoakzeptanz ................................................................... 80
Tabelle 14: Verantwortungszuschreibung für Risiko (kausal) ................... 80
Tabelle 15: Auflistung der unabhängigen Variablen ................................. 86
Tabelle 16: (Frage 1) Besonders wichtige Aufgabenbereiche der lokalen Politik ... 88
Tabelle 17: (Frage 2) Allgemeine Bedrohungen ....................................... 89
Tabelle 18: (Frage 5) Zeitpunkt/Zurückliegen der Hochwasserbetroffenheit aus den Fragen 3 und 4 ....................................................................... 95
Tabelle 19: (Frage 7) Interesse am Hochwasserschutz ............................. 96
Tabelle 20: (Frage 11) Verantwortlichkeit im Katastrophenfall ................. 97
Tabelle 21: (Frage 20) Persönliche Erwägung der Umsetzung von Schutzmaßnahmen ............................................................................... 98
Tabelle 22: (Frage 9) Wahrscheinlichkeit einer lokalen Hochwasserkatastrophe . 102
Tabelle 23: (Frage 8) Aussagen zum Thema Hochwasserschutz .............. 105
Tabelle 24: (Frage 11) Verantwortlichkeit für Hochwasserschutz und Hochwasserbewältigung ...................................................................... 108
Tabelle 25: (Frage 12) Gerechtigkeit des Hochwasserschutzes ................ 112
Tabelle 26: (Frage 13) Verbreitung öffentlicher Informationen zur Gerechtigkeit im Hochwasserschutz .................................................... 113
Tabelle 27: (Frage 24) Der Klimawandel und seine Folgen ..................... 115

Tabelle 28: (Frage 23) Zusammenhang zwischen Hochwasser und Klima ........... 116
Tabelle 29: (Frage 23) Zusammenhang zwischen Hochwasser und Klima ........... 118
Tabelle 30: (Frage 14) Berichterstattung über Risiken einer
Hochwasserkatastrophe ................................................................ 127
Tabelle 31: (Frage 30) Bekannte Formen der Öffentlichkeitsbeteiligung ............. 130
Tabelle 32: (Frage 31) Teilnahme an Formen der Öffentlichkeitsbeteiligung ...... 132
Tabelle 33: Faktorenzuordnung der Partizipationsformen(Teilnahme) in der
Zweifaktorenlösung ..................................................................... 134
Tabelle 34: (Frage 33) Räumliche Fernorientierung .......................................... 147
Tabelle 35: (Frage 33) Zeitliche Fernorientierung ............................................. 148
Tabelle 36: Fünf Typen der Verantwortungszuschreibung ................................. 154

# Abbildungsverzeichnis

Abbildung 1: Dynamiken im System „Gesellschaft" (Steffen et al. 2004)............19
Abbildung 2: Dynamiken im System „Umwelt" (Steffen et al. 2004).................20
Abbildung 3: Geäußerte Bedrohung ausgewählter soziodemografischer
Gruppen......................................................................................................90
Abbildung 4: Eigene Erfahrung mit Hochwasser nach Altersklassen...................94
Abbildung 5: Bekanntheit zuständiger lokaler Institutionen des
Hochwasserschutzes ................................................................................101
Abbildung 6: Wertigkeit von Informationsmitteln im Hochwasserschutz..........122
Abbildung 7: Bekanntheit von Formen der Öffentlichkeitsbeteiligung nach
Altersklassen.............................................................................................131
Abbildung 8: Nicht-Teilnahme an einer Form der Öffentlichkeitsbeteiligung
nach Altersklassen....................................................................................133
Abbildung 9: Teilnahme an formellen und informellen Partizipationsverfahren
und das Alter der Teilnehmenden ..........................................................136
Abbildung 10: Teilnahme an formellen und informellen Partizipationsverfahren
nach Geschlecht und Alter......................................................................137
Abbildung 11: Teilnahme an formellen und informellen Partizipationsverfahren
und das Bildungsniveau..........................................................................138
Abbildung 12: Dimensionen der Korrespondenzanalyse der
Partizipationsverfahren ...........................................................................140
Abbildung 13: Korrespondenzanalyse mit ausgewählten Inhaltsvariablen...........143
Abbildung 14: Korrespondenzanalyse mit soziodemografischen Merkmalen.......145
Abbildung 15: Verantwortungstypen nach Alter .................................................156

# 1. Einleitung: Globaler Wandel, Adaption und Kommunikation

Die Welt ist im Wandel. Auf den ersten Blick ist diese Feststellung weder neu noch überraschend. Schließlich besteht die gesamte Erd- und Menschheitsgeschichte aus fortlaufenden Veränderungsprozessen, die allgemein als Evolution bezeichnet werden. Phasen scheinbarer Stabilität werden immer wieder durch (unvorhersehbare) Dynamiken in Gesellschaften und ihren materiellen Umwelten in Bewegung versetzt. Dabei stehen Gesellschaft und Umwelt in einer koevolutionären Beziehung zueinander: zum einen wirken Naturereignisse wie Erdbeben, Vulkanausbrüche oder Meteoriteneinschläge auf gesellschaftliche Strukturen ein; zum anderen erzeugen soziale und ökonomische Prozesse durch die Inanspruchnahme der materiellen Umwelt neben beabsichtigten auch unbeabsichtigte Veränderungen in der bio-physikalischen Welt, die dann ihrerseits wieder auf Zivilisationen zurückwirken. Im Extremfall können anthropogene Umweltveränderungen zum Untergang von Zivilisationen führen, wie James Diamond in seinem Buch *Kollaps* anhand vergangener Kulturen zeigt (Diamond 2006). Die ko-evolutionären Wechselwirkungen zwischen Gesellschaften und ihren materiellen Umwelten sind in den vergangenen Jahrzehnten in zahlreichen Publikationen theoretisch wie empirisch erörtert worden.[1] Neben der Analyse epochaler Formen und langfristiger Veränderungen gesellschaftlicher Umweltverhältnisse, wie beispielsweise der Übergang von der Agrargesellschaft zur Industriegesellschaft, rückte dabei in den vergangenen Jahren das Thema des globalen Wandels in den Vordergrund.[2]

Den Erkenntnissen der *Global-Change-Forschung* zufolge ist die Weltgesellschaft – angetrieben durch den globalen Siegeszug der industriegesellschaftlichen Modernisierung und den damit verbundenen globalisierten Ströme an Ressourcen, Gütern, Menschen und Ideen (Spargaaren/Mol/Buttel 2006) – inzwischen mit weit reichenden globalen Umweltveränderungen konfrontiert, die vielfältige Risiken für die Zukunftsfähigkeit menschlicher Zivilisationen produ-

---

[1] Weisz 2002, Fischer-Kowalski/Haberl 2007.
[2] Zu diesem Thema hat in Deutschland der Wissenschaftliche Beirat Globale Umweltveränderungen (WBGU) in den vergangenen Jahren wichtige Publikationen vorgelegt: www.wbgu.de

zieren: Klimawandel, Verlust an Artenvielfalt, Süßwasserverknappung, Überfischung, Wüstenausbreitung und persistente Chemikalien sind Beispiele dafür. Der Soziologe Ulrich Beck bezeichnet den Zustand der globalen Zivilisation deshalb als *Weltrisikogesellschaft* (Beck 2007).

Um den diagnostizierten globalen Wandel zu gestalten und Risiken zu vermindern, ist mit dem Leitbild der nachhaltigen Entwicklung auf der Weltkonferenz für Umwelt und Entwicklung bereits 1992 in Rio de Janeiro ein internationaler Rahmen formuliert worden: Soziale, ökonomische und ökologische Entwicklungsdynamiken sollen ko-optimiert werden, um die natürlichen Lebensgrundlagen für die gegenwärtigen sowie zukünftigen Generationen zu sichern. Dafür sind grundlegende gesellschaftliche Transformationen notwendig: Es geht um ökologische Modernisierung, sozial- und umweltgerechten Konsum, Armutsbekämpfung, gerechte Verteilung von Umweltnutzung und Umweltrisiken. Klar ist, dass ein so umfassendes Leitbild wie das einer nachhaltigen Entwicklung nicht (nur) hierarchisch verordnet und technokratisch umgesetzt werden kann. Auch wenn zweifelsohne starke Nachhaltigkeitsakteure in Politik, Wissenschaft, Zivilgesellschaft benötigt werden, um das Thema voranzutreiben, so sind doch kooperative Such-, Lern- und Gestaltungsprozesse unabdingbar, in die weite Teile der Gesellschaft einbezogen werden.

Vielen Analysen zufolge ist es zwar spät, aber noch nicht *zu* spät, um den globalen Wandel nachhaltig zu gestalten. Deshalb ist erfreulich, dass inzwischen vielfältige Initiativen in Politik, Wirtschaft, Wissenschaft, Zivil- und Bürgergesellschaft auf den Weg gebracht wurden. Diese positiven Entwicklungen, die intensiviert und gestärkt werden müssen, dürfen aber nicht darüber hinwegtäuschen, dass einige globale Umweltveränderungen nicht mehr gänzlich zu vermeiden oder rückgängig zu machen sind. Auf diese Risiken muss sich die Gesellschaft vorausschauend einstellen; sie muss sich möglichst effizient an die sich wandelnden Umweltbedingungen anpassen. Auch dies gehört zu einer nachhaltigen Entwicklung.

Das betrifft insbesondere den globalen Klimawandel: (mit)verursacht durch den dramatischen Anstieg der $CO_2$-Emissionen seit Beginn der industriellen Revolution, ist er bereits im Gange und wird sich in den kommenden Jahrzehnten in seinen Auswirkungen verschärfen. Im vergangenen Jahrhundert betrug der Anstieg der globalen Durchschnittstemperatur 0,74 Grad Celsius, und selbst bei einer drastischen Reduzierung von Treibhausgasen wird die Temperatur in den kommenden Jahrzehnten weiter ansteigen; aufgrund der Trägheit des Klimasystems wirken sich die Emissionen der Vergangenheit und Gegenwart zeitverzögert aus.

Die erwarteten Folgen des Klimawandels sind vielfältig. Extremwetterereignisse wie Hitzewellen, Dürren, Überflutungen, der schleichende Anstieg des

Meeresspiegels, schmelzende Gletscher und Polarkappen erfordern Adaptionsmaßnahmen in vielen gesellschaftlichen Bereichen wie z.b. in der Landwirtschaft, im Tourismus, im Wohnungs- und Städtebau, im Versicherungswesen oder auch im Hochwasserschutz, der im Zentrum der Fallstudie des vorliegenden Buches steht. Dass die jeweiligen Adaptionsmaßnahmen nachhaltig zu gestalten sind, um nicht selbst wieder zu problematischen Umweltveränderungen beizutragen, sollte selbstverständlich sein.

Deshalb sind auch Adaptionsstrategien und -maßnahmen, als ein wichtiger Bereich nachhaltiger Entwicklung, auf eine umfassende Einbeziehung gesellschaftlicher Akteure angewiesen, um die pluralen Wertvorstellungen, Interessen und Wissensansprüche zu integrieren. Im Themenfeld *Hochwasser* beispielsweise sind deshalb neben den einschlägigen Interessengruppen (Küstenschutz, Naturschutz, Tourismus etc.) vor allem die allgemeine Öffentlichkeit und die betroffenen Bürger zu involvieren. Wie eine zielgerichtete (öffentliche) Kommunikation über Adaptionsnotwendigkeiten und -maßnahmen aussehen könnte und welche Anforderungen zu berücksichtigen wären, ist bislang nicht systematisch untersucht worden. Das vorliegende Buch will einen Beitrag leisten, diese Lücke zu schließen.

In dem folgenden Kapitel führen wir in die Problemstellung ein (Kapitel 2). Vor dem Hintergrund der aktuellen Diskussionen zum gesellschaftlichen Umgang mit Umweltrisiken diskutieren wir Ansätze der Katastrophen-, Risiko- und Nachhaltigkeitskommunikation und entwickeln das Konzept der *Adaptionskommunikation*. Wir begründen, warum Adaption ein zentrales Thema des globalen Wandels und nachhaltiger Entwicklung ist. Anschließend beschreiben wir den theoretisch-konzeptionellen Ansatz unserer eigenen multimethodischen Studie und diskutieren die Besonderheiten des Themenbereichs *Klimawandel und Hochwasser* (Kapitel 3). Die ausführliche Darstellung der Ergebnisse aus den verschiedenen empirischen Ansätzen zur Informationsumwelt der Befragten und ihren Risikorepräsentationen erfolgt in den Kapiteln 4 und 5. Im letzten Kapitel (6) ziehen wir ein Fazit und zeigen auf der Grundlage des theoretisch-konzeptionellen Ansatzes und der Fallstudie Gestaltungsoptionen für eine zielgerichtete Adaptionskommunikation.

Der globale Wandel und globale Umweltveränderungen wie der Klimawandel sind eine große Herausforderung für die Menschheit. Wir stehen in vielerlei Hinsicht vor einer neuen Situation, die neue Antworten erfordern. Wir hoffen, mit dem Konzept der Adaptionskommunikation einen kleinen Beitrag zur nachhaltigen Bewältigung des globalen Wandels zu leisten.

## 2. Herausforderung: Globaler Wandel und lokale Anpassung

Angetrieben von alarmierenden wissenschaftlichen Forschungsergebnissen (z.B. Carson 1962, Meadows 1972) und der entstehenden Umweltbewegung wurde Umweltschutz in vielen (post-)industriellen Ländern sowie international zu Beginn der 1970er Jahre zu einem zentralen Politikfeld. Die ersten globalen Umweltkonferenzen fanden statt, internationale Abkommen wurden verabschiedet, und Umweltpolitik wurde national und international institutionell verankert. In dieser Zeit wurden auch wichtige und bis heute wirkende umweltpolitische Grundlagen gelegt, wie das Verursacher- oder das Kooperationsprinzip. Die vielfältigen Gesetze und Maßnahmen, die in den vergangenen 30 Jahren entwickelt und implementiert wurden, beziehen sich auf drei generelle Formen der Wechselwirkung zwischen Gesellschaft und Umwelt, die der Regulierung und Bearbeitung bedürfen:

1) Schutz: Vorbeugung, Vermeidung und Reduktion von Umweltschäden
In diesem bis heute dominierenden Handlungsfeld geht es um die Reduktion bzw. Vermeidung negativer Umweltveränderungen durch menschliches Handeln. Auf der Grundlage von naturwissenschaftlichen Studien, z.B. zu Umweltdegradation, Biodiversität und Naturschutz, sowie sozialwissenschaftlichen Studien zu Umweltbewusstsein, umweltgerechtem Verhalten, nachhaltigem Konsum oder ökologischer Modernisierung, wurden und werden Handlungsoptionen entwickelt, die die Umwelt schonen und schützen helfen.

2) Sanierung: „Wiederherstellung" von Umweltfunktionen
Beeinträchtigung von Umweltfunktionen in Wasser, Boden und Luft durch Umweltverschmutzung, beispielsweise durch den Normalbetrieb technischer Anlagen bei fehlenden Umweltschutzmaßnahmen, durch Unfälle wie Öltankerhavarien oder durch Altlasten, erfordern Sanierungsmaßnahmen zur „Wiederherstellung" von Umweltfunktionen. Dabei geht es nicht um eine naturgetreue Wiedererschaffung der ursprünglichen Natur, sondern vielmehr um die rekonstruktive Gestaltung von Umwelt/Natur auf der Grundlage menschlicher Wissens-, Interessens- und Wertbedingungen.

**3) Anpassung: Reduktion von Umweltwirkungen auf die Gesellschaft**

Neben Schutz und Sanierung der Umwelt sind schließlich die Einwirkungen aus der Umwelt auf die Gesellschaft relevant. Dazu gehören natürliche und durch menschliches Handeln verschärfte Umweltwirkungen, wie beispielsweise Erdbeben, Vulkanausbrüche, Überflutungen, Hitzewellen etc. Da sich diese Art biophysikalischer Dynamiken nur begrenzt und in vielen Fällen gar nicht kontrollieren lässt, geht es bei dieser Art von Gesellschaft-Umwelt-Beziehung nicht um Umweltschutz, sondern um angemessene Anpassung als Gesellschaftsschutz. Bislang wurde dieses Themenfeld kaum im Kontext von Umweltforschung und Umweltpolitik verhandelt, sondern eher im Bereich (Natur-) Katastrophenforschung und -management. Diese Aufteilung ist aber (zunehmend) problematisch, da für eine nachhaltige Gestaltung gesellschaftlicher Umweltverhältnisse neben Schutz und Sanierung die Anpassung von wachsender Bedeutung ist. Integrative Bearbeitungen der drei Gestaltungsperspektiven gewinnen dabei an Relevanz.

In fortgeschrittenen Industrienationen wie Deutschland sind insbesondere in den Bereichen Schutz und Sanierung in den vergangenen Jahrzehnten durchaus Erfolge erzielt worden. Wie der Umwelthistoriker John McNeill detailliert beschreibt, konnten durch umweltpolitische Aktivitäten viele negative Effekte industrieller Modernisierungsprozesse eingedämmt werden (McNeill 2001). Die Luft-, Wasser- und teilweise auch die Bodenqualität sind über die Jahre wieder besser geworden, und auch der Naturschutz hat Fortschritte gemacht. Zudem wurden im Bereich der Anpassung beispielsweise durch erdbebensicheres Bauen, Ausbau von Küstenschutzinfrastrukturen oder durch den vorbeugenden Katastrophen- und Zivilschutz Erfolge erzielt.

Diese Erfolgsbilanz darf aber nicht zur Fehleinschätzung verleiten, dass die (Welt-) Gesellschaft ihre sozioökonomischen Prozesse inzwischen so umorganisiert hätte, dass sie den ökologischen Anforderungen dauerhaft genügte. Im Gegenteil: Erweitert man den Fokus über Deutschland und andere postindustrielle Nationen hinaus auf die Weltgesellschaft und nimmt die vielschichtigen Herausforderungen des globalen Wandels und globaler Umweltveränderungen stärker in den Blick, dann erscheint eine nachhaltige Entwicklung, die auf die Ko-Optimierung sozialer, ökonomischer und ökologischer Aspekte, auf globale Gerechtigkeit und Zukunftsfähigkeit zielt, in weiter Ferne. In grundlegenden natur- und sozialwissenschaftlichen Analysen werden das Ausmaß und die Komplexität des globalen Wandels und die Dringlichkeit weit reichender Transformationsprozesse beschrieben.

So zeigen Steffen et al. anhand hoch aggregierter Statistiken eindrücklich, welche Wirkungen der gesellschaftliche „Fortschritt" seit Beginn der Industria-

Globaler Wandel und lokale Anpassung

*Abbildung 1: Dynamiken im System „Gesellschaft" (Steffen et al. 2004)*

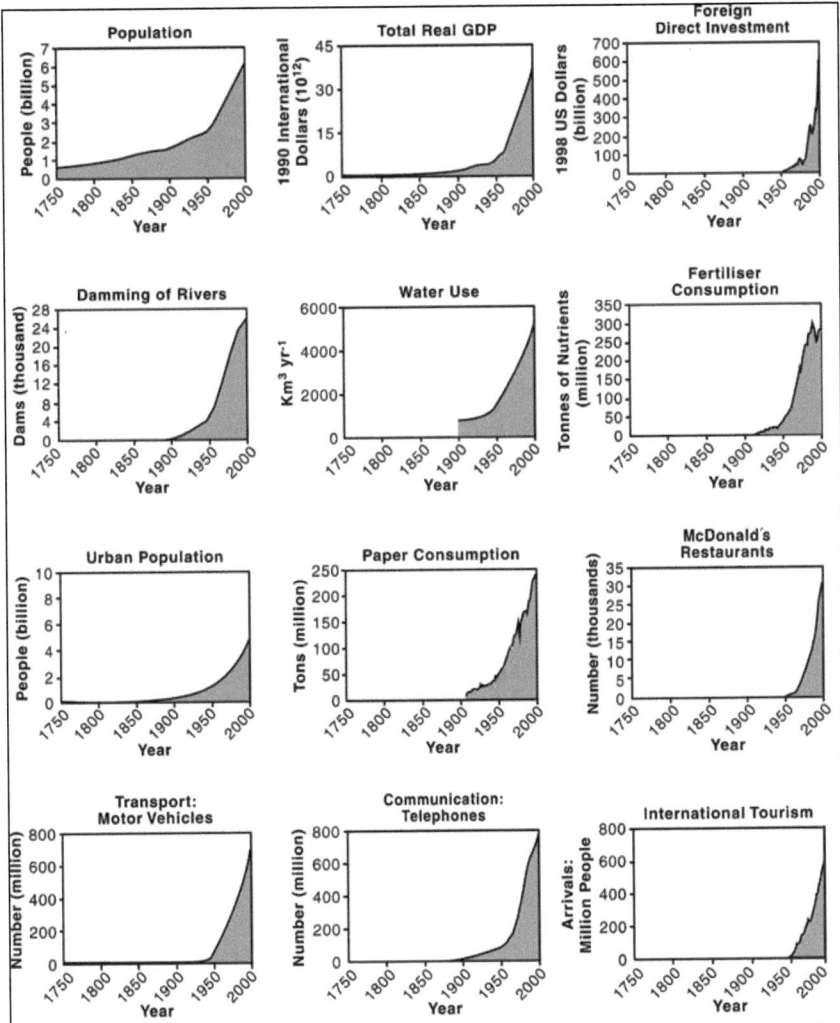

lisierung im System Umwelt trotz der umweltpolitischen Teilerfolge ausgelöst hat (Steffen et al. 2004).

*Abbildung 2: Dynamiken im System „Umwelt" (Steffen et al. 2004)*

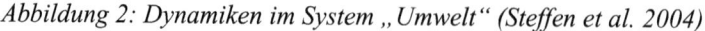

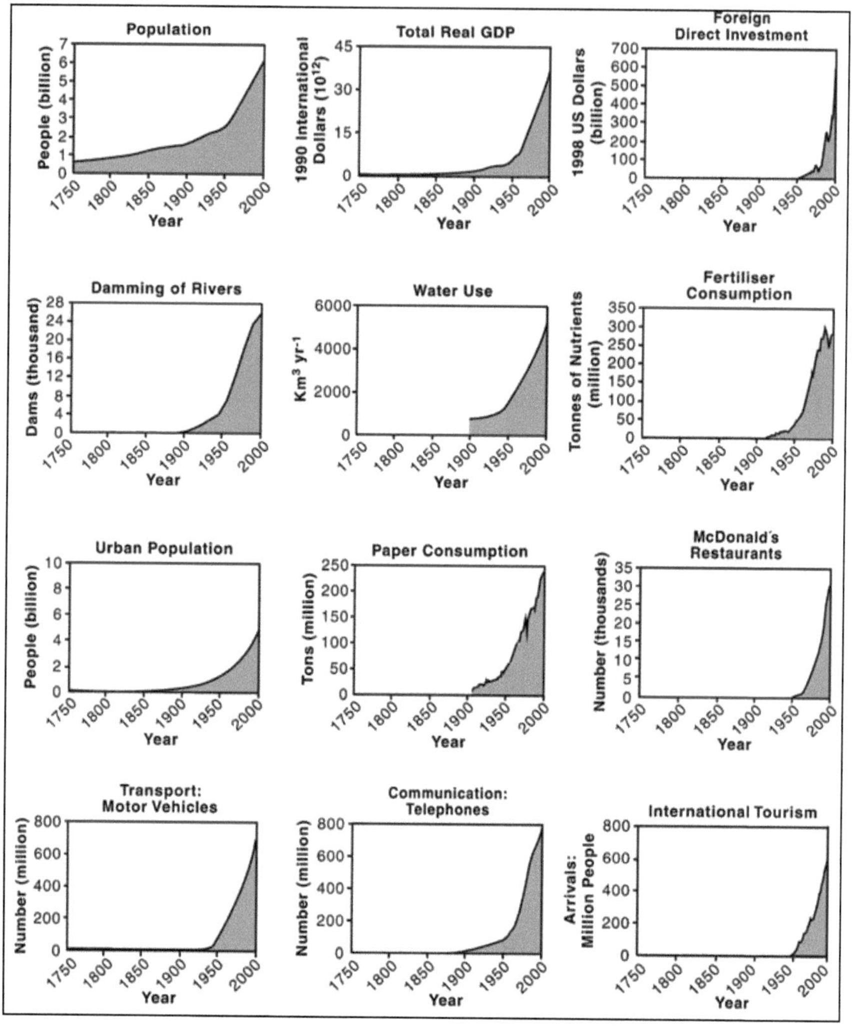

Bei diesen signifikanten Veränderungsprozessen, die auch durch andere Studien bestätigt werden, die die Ko-Evolution von Gesellschafts- und Umweltsystemen über längere Zeiträume analysieren (Fischer-Kowalski et al. 2001), ist zusätzlich auf die inter- wie intranational ungleiche Verteilung von Umweltchancen (Ressourcenverbrauch) und Umweltrisiken (Degradation, Verschmutzung) zu verweisen. Ansätze wie der ökologische Fußabdruck und Studien zur Umweltgerechtigkeit zeigen, wie sozioökonomische Ungleichheit und globale Umweltveränderungen Hand in Hand gehen (Agyeman/Bullard/Evans 2003, Heinrichs/Agyeman/Groß 2004, Rees/Wackernagel/Testemale 1997).

Die in diesen Grundlagenstudien skizzierten Herausforderungen des globalen Wandels und der globalen Umweltveränderungen werden mittels internationaler Konsensberichte, wie dem Klima-Bericht des International Panel of Climate Change oder dem Millenium Assessment Report zur Biodiversität, themenspezifisch und bezogen auf Politik aufgearbeitet (MEA 2005, IPCC 2007a). Auch und gerade in diesen Dokumenten wird die Notwendigkeit gesellschaftlicher Transformationsprozesse deutlich.

Vor allem beim globalen Klimawandel, der von zahlreichen Experten als die größte Herausforderung für die Menschheit in diesem Jahrhundert angesehen wird, unterstreichen die intensiven politischen Debatten zu nationalen und internationalen Klimaschutzmaßnahmen im Anschluss an die Veröffentlichung des aktuellen IPCC-Berichts die gesellschaftliche Aktualität und Brisanz der Thematik. Dass dabei (weiterhin) der Aspekt der Mitigation, also Schutzmaßnahmen zur Vermeidung bzw. Reduktion des Klimawandels, im Mittelpunkt der Klimadiskussionen stehen, ist begrüßenswert, da Szenarien zeigen, dass ohne eine erfolgreiche Abmilderung des Klimawandels kaum zu beherrschende Konsequenzen auf Gesellschaften zukommen würden. Der Bericht des britischen Ökonomen Nicholas Stern zeigt die dramatischen Kosten, die ein nicht durch Klimaschutzmaßnahmen eingedämmter Klimawandel erzeugen würde (Stern 2006). Aber trotz der dringenden Handlungsnotwendigkeit, durch Klimaschutzmaßnahmen, die vor allem auf die Reduktion von $CO_2$-Emissionen zielen, einen unkontrollierbaren Klimawandel zu vermeiden, besteht inzwischen in Expertenkreisen weitgehende Einigkeit darüber, dass auch Anpassungsmaßnahmen unerlässlich sind und zunehmend an Bedeutung gewinnen.

Der Klimawandel ist bereits im Gange. Und aufgrund der Trägheit des Klimasystems wird der Ausstoß an klimaschädlichen Gasen in der Vergangenheit und in der Gegenwart zu einem weiteren Temperaturanstieg in der Zukunft führen. Dementsprechend wird die Notwendigkeit vorausschauender Anpassungsmaßnahmen in aktuellen Publikationen verstärkt thematisiert (Smith/Huq/Klein 2003, Adger/Arnell/Tompkins 2005, Pielke et al. 2007), und im jüngsten IPCC-Bericht ist der gesamte dritte Teil den Herausforderungen und Handlungsmöglichkeiten der Adaption gewidmet (IPCC 2007b). Alle diese Publikationen stimmen darin überein, dass Adaption notwendig ist, um die Verletzlichkeit (Vulnerabilität) von Gesellschaften zu reduzieren und ihre Widerstandsfähigkeit (Resilienz) gegen Umweltwirkungen zu stärken. Dabei wird der globale Klimawandel zwar nicht als einziger Treiber von Risiken und Katastrophen gesehen, denn Flutkatastrophen und Hangrutschungen sind häufig mitverursacht durch Bevölkerungswachstum, Armut oder schlechte Raumplanung. Doch der gegenwärtig und zukünftig zu erwartende Klimawandel wird diese Phänomene verstärken. Damit kann die Debatte um den Klimawandel dazu beitragen, gesellschaftliche Anpassungsstrategien voranzubringen, die helfen, Verletzlichkeit und Widerstandsfähigkeit insgesamt zu stärken.

Auch wenn Anpassung an Umweltdynamiken so alt ist wie die Menschheit – schließlich waren Bärenfelle als Kleidungsstücke und Behausungen gegen Regen in der Steinzeit ebenso Anpassungsmaßnahmen wie Sonnenschirme und Sonnenschutzcreme für den Mallorca-Urlauber und die Siesta für die Spanier, stellt der Klimawandel eine besondere Herausforderung dar. Wegen der Globalität des Klimawandels und der teilweise erheblichen regionalen und lokalen Umweltveränderungen, von denen aufgrund der aktuellen Beobachtungen und der Klimaprojektionen ausgegangen werden muss, stellt sich eine Reihe drängender Fragen: Wie können sich Gesellschaften vorausschauend auf die zu erwartenden Umweltveränderungen einstellen? Wie beeinflussen soziale und ökonomische Strukturen die Verletzlichkeit einer Gesellschaft? Wie kann die Widerstandsfähigkeit gegen Umweltwirkungen gesteigert werden? Welche Art von Katastrophen- und Risikomanagement wird benötigt? Wie lässt sich nachhaltige Entwicklung durch Anpassungsmaßnahmen stärken?

In zahlreichen Studien wird seit einigen Jahren weltweit ein Anstieg an Naturkatastrophen diagnostiziert und eine weitere Zunahme der Frequenz für die Zukunft erwartet (WBGU 1998, Plate/Merz 2001, Münchener Rück 2006, IPCC 2007b). Neben Erdbeben, Vulkanausbrüchen und etwas weniger prominenten Naturereignissen wie Hangrutschungen spielen klima- und wetterbezogene Ereignisse, wie Stürme, Hitzewellen oder Überschwemmungen, eine zentrale Rolle. Die Analysen zeigen global und in Deutschland sowohl in Bezug auf die absolute Anzahl der Ereignisse als auch in Bezug auf die daraus resultierenden volkswirtschaftlichen Schäden seit den 1970er Jahren einen signifikanten Anstieg (Münchener Rück 2006).

Als Erklärung für die beobachtete Zunahme werden ein verbessertes Monitoring und eine höhere gesellschaftliche Aufmerksamkeit für Extremereignisse diskutiert. Dieses konstruktivistische Argument verweist darauf, dass die institutionalisierte Selbstbeobachtung der Gesellschaft vor allem durch die Expansion von Wissenschaft und Medien zu einer intensiveren Wahrnehmung von Katastrophenereignissen und Risiken führt (Beck 1986, Luhmann 1990). Dieser Aspekt sollte aber nicht überbewertet werden. Der Fachliteratur zufolge ist die Zunahme an Extremereignissen real und geht auf bio-physikalische und sozioökonomische Dynamiken zurück. In Entwicklungsländern führen beispielsweise ein starkes Bevölkerungswachstum und eine oftmals unkontrollierte Flächeninanspruchnahme bei Urbanisierungsprozessen zu kritischen Umwelteingriffen wie Abholzungen sowie nicht an die lokalen Risiken angepasste Infrastrukturen und Bauweisen zu erhöhter Vulnerabilität (GTZ 2001, 2004). In Industrieländern wie Deutschland steht demgegenüber die hohe Konzentration an ökonomischen Werten in vulnerablen Gebieten – beispielsweise in Küsten- oder Flussnähe – im Zentrum (Schuchardt/Schirmer 2005). Zudem tritt durch den globalen Klimawandel der Aspekt sich wandelnder bio-physikalischer Dynamiken hinzu, der neue Risiko- und Katastrophenpotenziale erzeugt.

Seit Mitte des 20. Jahrhunderts wird die Entstehung von Naturkatastrophen, wie Hochwasser, Vulkanausbrüche oder Erdbeben, und ihre Bedeutung für Gesellschaften systematisch untersucht (zusammenfassend: Karger 1996). Neben der naturwissenschaftlichen Analyse von Naturereignissen wurde dabei insbesondere herausgearbeitet, dass Naturkatastrophen nicht allein von geophysikalischen Prozessen, sondern auch von gesellschaftlichen Kontextbedingungen mitbestimmt werden. Aus unterschiedlichen sozialwissenschaftlichen Perspektiven wurden die strukturellen Bedingungen, Wahrnehmungen und Verarbeitungen von Naturkatastrophen analysiert (z.B.: Torry 1979, Susman/O'Keefe/Wiesner 1983, Kreps 1989, Kates 1994). Die Verletzlichkeit von Gesellschaften im Hinblick auf Naturereignisse wie Wetterextreme oder Hochwasser resultiert demnach aus der Exponierung gegenüber den physisch-geografischen Bedingungen, der Ausstattung mit sozioökonomischen Werten sowie gesellschaftlicher Vorsorge- und Bewältigungskapazitäten (Turner et al. 1995, Olmos 2001).

Aufgrund der zunehmend engen Verflechtung von natürlichen Prozessen und umweltwirksamen menschlichen Aktivitäten lassen sich heute Natur*gefahren* als entscheidungsabhängige Umwelt*risiken* beschreiben. Während externe Gefahren menschliche Gesellschaften bedrohen und schädigen, menschlichem Handeln oder Unterlassen aber nicht zugerechnet werden können, sind Risiken durch menschliche Entscheidungen geprägt (Luhmann 1990). Individuelle und kollektive Entscheidungen zum Aufbau von Schadenspotenzialen in Überschwemmungsgebieten, zur Begradigung von Flussläufen, zur veränderten Flächennutzung oder zu Maßnahmen des technischen, ökologischen und organisatorischen Küstenschutzes führen beispielsweise zu einer veränderten Risikolage beim natürlichen Ereignis Hochwasser. Und der globale Klimawandel, den wir durch unsere treibhausgasintensive Lebensweise (mit-)verursachen und der somit zumindest teilweise menschlichem Entscheiden und Handeln zugerechnet werden kann, intensiviert die Risiken von bereits zu beobachtenden und zukünftig zu erwartenden Wetterextreme wie Starkniederschläge oder Dürren.

Die reale Verstärkung von Umweltrisiken sowie die sensiblere gesellschaftliche Wahrnehmung haben im vergangenen Jahrzehnt zu neuen Anforderungen an das Katastrophen- und Risikomanagement geführt. Die Diskussionen über einen veränderten gesellschaftlichen Umgang mit sowohl technik- als auch naturbezogenen Umweltrisiken sind eingebettet in den internationalen Diskurs zur nachhaltigen Entwicklung. Vorbereitet durch den Brundtlandbericht 1987 wurde auf der Grundlage einer Vielzahl wissenschaftlicher Analysen in der Agenda 21 in Rio de Janeiro 1992 das normative Leitbild der nachhaltigen Entwicklung verabschiedet. Die Kernpunkte des Dokuments – Globalität, Zukunftsorientierung, intra- und intergenerationelle Gerechtigkeit, Interdependenz sozialer, ökologischer und ökonomischer Dimensionen sowie die Stärkung gesellschaftlicher Teilhabe an der Politikgestaltung – zielen auf ein stärker antizipierendes, integratives und beteiligungsorientiertes Handeln gesellschaftlicher Akteure. Die in dieser Perspektive zum Ausdruck kommende Betonung der „Culture of Prevention" im Gegensatz zur „Culture of Reaction" (Annan 1999) bedeutet mit Blick auf Umweltrisiken die (Um-) Orientierung von Katastrophenmanagement und -hilfe hin zu Katastrophenvorsorge und Risikomanagement. In den wissenschaftlichen und politischen Diskussionen zum Thema in den vergangenen Jahren geht es somit zentral um die Verringerung der Anfälligkeit bzw. Verletzlichkeit (Vulnerabilität) sowie die Steigerung von Widerstandsfähigkeit (Resilienz) von Gesellschaften gegenüber Umweltdynamiken (Adger 2006).

Um dieses Ziel zu erreichen, wird als wichtiger Baustein eines nachhaltigen Risikomanagements neben wissenschaftlich-technischem Know-how, ökonomischen Ressourcen und funktionierenden staatlichen Strukturen der Einbezug der direkt und indirekt betroffenen Bürger sowie gesellschaftlicher Anspruchsgruppen angesehen:

„The most efficient and effective disaster preparedness systems and capabilities for post-disaster response are usually provided through volunteer contributions and local authority actions at the neighbourhood level." (VN 1996 zitiert nach: GTZ 2001).

Diese Orientierung auf die lokale Ebene und die Handlungspotenziale von Bürgern sind seit der Rio-Konferenz fester Bestandteil des internationalen Diskurses zur nachhaltigen Entwicklung.

Die Aufwertung von Zivil- und Bürgergesellschaft seit Beginn der 1990er Jahre lässt sich mit mindestens drei Argumenten begründen (vgl. Heinrichs 2005a): Aus funktional-analytischer Perspektive lässt sich konstatieren, dass der Staat in hoch differenzierten, pluralistischen Gesellschaften für eine wirksame Politikgestaltung und -realisierung zunehmend auf nicht-staatliche, wirtschaftliche wie zivilgesellschaftliche Akteure und ihre spezifischen Einflussmöglichkeiten sowie Bürger mit ihren lokalen Handlungskompetenzen angewiesen ist. Und aus ethisch-normativer Sichtweise kann als prinzipiell gut angesehen werden, wenn möglichst viele Menschen an Entscheidungen zur Gestaltung ihrer Lebenswelt teilhaben können. Schließlich, so das letzte Argument, darf nicht übersehen werden, dass die Rio-Konferenz nach dem Zusammenbruch des Kommunismus zu einem Zeitpunkt stattfand, an dem die marktwirtschaftliche Demokratie zum weltweiten Modell avancierte und global die (Neo-) Liberalisierung vorangetrieben wurde, wodurch Prozesse der Entstaatlichung in Gang gesetzt wurden. Zwischen Staatsversagen aufgrund von gewachsener sozialer Komplexität (Pluralisierung, Individualisierung) und politisch gewollter Entstaatlichung (Globalisierung, Bürokratieabbau) sollen Bürgern und zivilgesellschaftlichen Akteuren mehr Beteiligungsrechte zugestanden und Pflichten zugemutet werden.

Dieser allgemeine Entwicklungstrend hin zur Ergänzung hierarchischer Steuerung von Gesellschaft durch Politik (*Government*) um Elemente gesellschaftlicher Selbstorganisation (*Governance*) und verstärkter Eigenverantwortung ist seit Beginn der 1990er Jahre in zahllosen wissenschaftlichen Analysen im Rahmen der Governance-Forschung untersucht und konzeptionalisiert worden (zusammenfassend: Kjaer 2004). Gleichzeitig wurden auf den verschiedenen Handlungsebenen im politischen Raum Programme und Konventionen verabschiedet und Instrumente interaktiver Politikgestaltung eingesetzt (Aarhuis-Konvention, Agenda 21). Zentral bei diesen realitätsanalysierenden und realitätsverändernden Aktivitäten ist, dass Kommunikations-, Partizipations- und Kooperationsprozesse zwischen Staat und Gesellschaft stark an Bedeutung gewonnen haben.

Für den Umgang mit natur- und technikbezogenen Umweltrisiken, wie dem Klimawandel und seinen „glokalen" Konsequenzen z.B. für steigende Hochwasserrisiken, bedeuten diese Feststellungen: Wenn das gesellschaftspolitische Ziel ist, katastrophen- und risikomündige Bürger als Partner staatlichen Katastrophen- und Risikomanagements und nicht nur als Publikum zu haben, ist eine stärker kommunikativ und kooperativ ausgerichtete Politikgestaltung unabdingbar. Damit kann die Chance gesteigert werden, eine aufgeklärte Akzeptanz für Katastrophenschutzmaßnahmen und eine stabile Legitimation für Risikomanagemententscheidungen zu erreichen, sowie die Kompetenzen von Bürgern zu aktivieren und ihre Gestaltungspotenziale für Adaptionsstrategien im Rahmen einer nachhaltigen Entwicklung zu mobilisieren. Zur theoretisch-konzeptionellen Grundlegung entwickeln wir im folgenden Kapitel den Ansatz der *Adaptionskommunikation*.

## 2.1 Theoretisch-konzeptioneller Ansatz: Adaptionskommunikation

Für Kommunikation über Herausforderungen und Maßnahmen zur Anpassung an globale Umweltveränderungen sind drei sozial- und kommunikationswissenschaftliche Forschungsperspektiven von besonderer Relevanz: Katastrophen-, Risiko- und Nachhaltigkeitskommunikation. Im Folgenden geben wir einen Überblick über zentrale Ergebnisse zu diesen Ansätzen und führen sie im Konzept der „Adaptionskommunikation" zusammen.

### *2.1.1 Katastrophenkommunikation*

Im Katastrophenmanagement lassen sich drei Phasen unterscheiden: Katastrophenvorsorge, Katastrophensituation und Katastrophennachsorge (Plate/Merz 2001). In allen Phasen besteht Kommunikationsbedarf sowohl zwischen den für den Katastrophenschutz verantwortlichen Institutionen als auch mit der betroffenen Bevölkerung. Wir fokussieren im Folgenden auf den für unseren Zusammenhang im Vordergrund stehenden Aspekt der externen Kommunikation der Katastrophenschutz-Akteure sowie die gesellschaftliche und individuelle Bedeutung der Katastrophenkommunikation.

Das Ziel intendierter (staatlicher) Katastrophen- bzw. Krisenkommunikation ist, katastrophen- bzw. krisengerechtes Verhalten in der Bevölkerung zu erreichen, z.B. individuelle Vorsorgemaßnahmen zu treffen oder Evakuierungsaufforderungen zu folgen. Die Einlösung dieses Ziels ist allerdings voraussetzungsreich. Kommunikation ist zahlreichen Studien zufolge kein linearer Prozess, bei dem ein Sender (Katastrophenschutz) eine Mitteilung abschickt, die von einem Empfänger (Bevölkerung) aufgenommen und in adäquates Handeln umgesetzt wird. Vielmehr ist Kommunikation ein sozialer Prozess, bei dem Faktoren wie die Glaubwürdigkeit des Kommunikators ebenso eine Rolle spielen wie die Selektion und Interpretation von Informationen durch die Rezipienten (vgl. Ruhrmann/Kohring 1996: 15). Für die Entwicklung einer angemessenen Katastrophenkommunikation sind deshalb Erkenntnisse aus der Forschung zu Naturkatastrophenwahrnehmung und -verhalten bedeutsam.

Insbesondere im englischsprachigen Raum gibt es eine kaum überschaubare Anzahl sozialwissenschaftlicher Studien, die Wahrnehmung und Handeln in Bezug auf die drei Katastrophenphasen – Vorsorge, Krisenfall, Nachsorge – analysieren (vgl. Tobin/Montz 1997, Grothmann 2005). Auch wenn die Analysen teilweise zu unterschiedlichen Ergebnissen kommen, so lassen sich doch einige grundlegende Muster identifizieren und Tendenzaussagen machen, die für die Katastrophenkommunikation wichtig sind.

Naturkatastrophenwahrnehmung und -verhalten sind nach Tobin und Montz (1997: 149) beeinflusst von situationalen (physikalische und sozioökonomische Umwelt) und kognitiven Dimensionen (psychologische Variablen und Einstellungsvariablen). Demzufolge macht es einen Unterschied für Wahrnehmung und Verhalten, ob man beispielsweise in Flussnähe oder weit entfernt davon wohnt (physikalische Umwelt), ob man reich oder arm ist (sozioökonomische Umwelt), ob man viel oder wenig über Hochwasserrisiken weiß (psychologische Variable) und ob man die Natur als unberechenbar oder zerbrechlich (Einstellungsvariable) ansieht. Ergänzt man dieses grundlegende Wahrnehmungs- und Verhaltensmodell noch um eine emotional-physische Dimension[3] (z.B. Ängstlichkeit, Behinderung), erhält man einen hilfreichen Orientierungsrahmen für die Analyse von Naturkatastrophenwahrnehmung und -verhalten sowie für die Gestaltung von Katastrophenkommunikation. Die folgende Übersicht fasst wichtige Forschungsergebnisse entlang der drei Dimensionen zusammen:

Situationale Dimension

Auch wenn Menschen nicht durch die bio-physikalische Umwelt in ihrem Handeln determiniert sind, so sind die lokalen Bedingungen doch ein wichtiger Einflussfaktor für Wahrnehmung und Verhalten (vgl. Tobin/Montz 1997: 155 ff.): Kollektive und individuelle Umwelterfahrungen führen zu Reaktionen, so haben beispielsweise Küstengesellschaften aufgrund von Sturmfluterfahrungen Deiche aufgebaut und Bewältigungsstrategien entwickelt. Jedoch zeigen Studien auch, dass Intensität und Häufigkeit von Ereignissen zentrale Gründe für Schutzhandlungen sind: Je seltener ein Ereignis auftritt, desto schlechter können die Bürger damit umgehen. Sind Individuen mehrfach betroffen, steigt das Vorsorgehandeln (z.B. Abschluss von Versicherungen). Eine direkte Katastrophenerfahrung führt aber nicht automatisch zu besseren Schutzhandlungen: Verdrängungseffekte können zu der Überzeugung führen, dass es nicht noch einmal so schlimm kommen könne; Handlungen werden veränderten Risikolagen nicht angepasst; die Erinnerung über die Tragweite der Katastrophe verblasst.

Um besser zu verstehen, warum Gesellschaften auf ähnliche Katastrophensituationen unterschiedlich reagieren, sind sozioökonomische und demografische Variablen zu analysieren. Dazu gehört eine Bandbreite von Aspekten: Alter, Bildung, Einkommen, Familienstand, sozialer, politischer und kultureller

---

[3] Grothmann 2005, 51, Tobin/Montz 1997, 155

Kontext etc. Relativ zuverlässig weiß man (vgl. Tobin/Montz 1997, Grothmann 2005), dass höheres Einkommen und höherer Bildungsgrad die Katastrophenvorsorge erhöhen, weil die Handlungsmöglichkeiten besser sind; dass Wohn- und Hauseigentümer tendenziell mehr Vorsorge betreiben als Mieter; das gilt ebenso für Personen, die länger in einem gefährdeten Gebiet wohnen; dass Familien sich stärker mit Katastrophenschutz auseinandersetzen als Einpersonenhaushalte. Ferner weis man dass die Wahrscheinlichkeit für Schutzhandlungen steigt, wenn nahe stehende Personen im Freundes- und Bekanntenkreis vorsorgen; dass soziale Netzwerke eine wichtige Rolle in der Katastrophensituation und der Nachsorge spielen und dass der politische und kulturelle Kontext mit über das Katastrophenverhalten entscheidet, je nach dem, ob man Katastrophen als „höhere Gewalt" oder als gesellschaftlich gestaltbar betrachtet.

Neben diesen Einflussfaktoren kommen in modernen Gesellschaften die (Massen-) Medien als wichtige Kontextbedingung hinzu (Ruhrmann/Kohring 1996: 76ff.). Medienberichterstattungen sind als Informationskanal und Kommunikationsarena relevant: In den Medien wird über potenzielle Katastrophen und Handlungsmöglichkeiten diskutiert; in der Katastrophensituation sind insbesondere Radio und Fernsehen bedeutsam für die Verbreitung von Warnungen; in der Nachsorge geht es neben Informationen zu Hilfsangeboten um die Diskussion über Schuld und Verantwortung. Die massenmedial kommunizierten Katastrophendefinitionen werden gemäß der spezifischen Medienlogik konstruiert und beeinflussen die individuellen und kollektiven Wahrnehmungen. Überschätzen darf man die Medienwirkung aber nicht, da die Rezipienten die Medieninhalte je nach Vorerfahrung, Wissen und Einstellung selektiv und interpretierend verarbeiten (Peters/Heinrichs 2005: 158ff.).

Kognitive Dimension

Da Menschen keinen unmittelbaren Zugang zur „Welt" haben, sind Wahrnehmung und Verhalten kognitiv und emotional vermittelt (vgl. Tobin/Montz 1997: 159). In Wechselwirkung mit genetischer Prädisposition und sozialer wie physikalischer Umwelt bilden sich individuelle Charakteristika aus, die Naturwahrnehmung und -verhalten prägen. Menschen mit unterschiedlichen Lebensgeschichten reagieren unterschiedlich auf Ereignisse. Psychologische Charakteristika wie Informationsverarbeitungskapazitäten oder Kontrollüberzeugungen sowie Wertorientierungen und Einstellungen prägen das Katastrophenverhalten. Diese kognitiven Prädispositionen wirken als Filter für die Naturkatastrophenwahrnehmung.

Allgemein können drei Katastrophenwahrnehmungsmodelle unterschieden werden (Smith 1996): deterministische Wahrnehmung, dissonante Wahrnehmung und probabilistische Wahrnehmung. Die deterministische Wahrnehmung versucht in die Zufälligkeit von Katastrophen ein Ordnungsmuster hineinzuinterpretieren, frei nach dem Motto: „das Hochwasser kommt nur alle sieben Jahr". Die dissonante Wahrnehmung versucht, mögliche Katastrophen zu verdrängen. Es wird auf die Unwahrscheinlichkeit des Ereignisses verwiesen oder auf existierende Schutzmaßnahmen, die absolute Sicherheit gewährleisten. Die probabilistische Wahrnehmung schließlich kommt der Katastrophenwirklichkeit am nächsten, weil sie Eintrittswahrscheinlichkeit und Schadensausmaß berücksichtigt. Häufig sind die Einschätzungen aber inkorrekt. Zudem gehen sie oftmals mit der Delegation von Verantwortung einher, die im Ereignisfall dann in der Schuldzuschreibung an staatliche Institutionen mündet.

Neben diesen idealtypischen Wahrnehmungsmustern sind Wertorientierungen und Einstellungen von Personen relevant. Dazu gehören grundlegende Naturverständnisse ebenso wie Einstellungen zum politischen System. So macht es einen Unterschied, ob man das Bild einer gutmütigen oder zu zähmenden Natur im Kopf hat, und ob man den staatlichen Katastrophenschutz für kompetent hält oder nicht.

Emotional-physische Dimension

Über die situationalen und kognitiven Bedingungen hinaus sind auch emotionale Faktoren wie Ängstlichkeit oder Stressanfälligkeit sowie physische Faktoren wie persönliche Mobilität und Gesundheit von Bedeutung (Tobin/Montz 1997: 155, Grothmann 2005: 51f.). Physische Charakteristika, wie körperliche Behinderungen, können z.B. individuelle Handlungsmöglichkeiten in Katastrophensituationen einschränken. Je nach emotionaler Prädisposition können posttraumatische Belastungsstörungen nach einer Katastrophensituation stärker oder schwächer ausfallen. Selbst Katastrophenvorsorgemaßnahmen können bei Personen Stress auslösen. Die Relevanz der emotional-physischen Faktoren für Naturkatastrophenwahrnehmung und -verhalten ist jedoch bislang vergleichsweise wenig erforscht (Grothmann 2005: 55).

Zusammenfassend lässt sich sagen, dass von einer signifikanten lokalspezifischen Variabilität von bio-physikalischen und sozioökonomischen Situationsbedingungen sowie individuellen kognitiven und emotional-physischen Eigenschaften auszugehen ist, die heterogene Naturkatastrophenwahrnehmungen und -verhaltensweisen in der Bevölkerung bedingen. Das individuelle vorsorgende, akute und nachsorgende Katastrophenschutzverhalten der Bürgerinnen und

Bürger sowie das kollektive staatliche Katastrophenmanagement, das von diesen legitimiert und akzeptiert werden muss, ist somit abhängig von einer Bandbreite intervenierender Variablen. Die Katastrophenkommunikation sieht sich hohen Anforderungen gegenüber gestellt.

Wie jede Kommunikation ist Katastrophen- bzw. Krisenkommunikation ein sozialer Prozess. Das bedeutet, dass die Kommunikation von und über Inhalte geprägt ist von der Art der Beziehung zwischen den Kommunikationsbeteiligten, in unserem Fall also zwischen Staat und Bürgerinnen und Bürgern. Ein entscheidender Faktor für die Akzeptanz von Informationen und die Effektivität von Kommunikation ist daher die Glaubwürdigkeit des Kommunikators und das Vertrauen, das ihm entgegengebracht wird. Der Erfolg von Katastrophen- und Krisenkommunikation ist abhängig von Vertrauen, das kontinuierlich verdient werden muss. Hierarchisch strukturierte Kommunikationsbeziehungen, in denen expertenbasierte Informationen mit dem Ziel der Aufklärung und Erziehung vom Staat an die Bevölkerung gegeben werden, erscheinen vor diesem Hintergrund nicht ausreichend (Ruhrmann/Kohring 1996: 60). Neben klassischen Instrumenten wie (schriftlichen) Informationskampagnen zur Vorsorge, denen jedoch nur eine begrenzte Wirksamkeit zugeschrieben wird, sind insbesondere Frühwarnung und Vorhersage, die insbesondere bei absehbaren Extremereignissen wie Hochwasser von großer Bedeutung. Über Radio und Fernsehen hinaus zur Verbreitung von Informationen im akuten Ereignisfall, rücken in jüngerer Zeit interaktive und beteiligungsorientierte Ansätze in den Blickpunkt. Das Spektrum reicht dabei von der partizipativen Erstellung von Notfall- und Evakuierungsplänen, über Katastrophenschutzübungen, bis hin zur Initiierung und Förderung sozialer Netzwerke zur bürgerlichen Selbstorganisation (Ruhrmann/Kohring 1996: 44, GTZ 2004: 19, Grothmann 2005: 214). Ein für Bürger konzeptionierter Zivil- und Katastrophenschutz wird als notwendig erachtet, um Expertenwissen mit den lokalen Erfahrungen und Kompetenzen von Bürgern zu verknüpfen (Dombrowsky 1992). Damit kann das bislang in weiten Teilen passive Katastrophenpublikum zum aktiven, katastrophenmündigen Partner der professionellen Katastrophenschutzakteure werden. Diese Analysen und konzeptionellen Entwürfe fügen sich in die bereits skizzierten Veränderungsprozesse im Verhältnis von Staat und Gesellschaft sowie in die Diskussionen um einen kooperativen Staat und eine aktive Zivil- und Bürgergesellschaft ein.

Für die Katastrophen- und Krisenkommunikation bedeuten die Erkenntnisse zur Naturkatastrophenwahrnehmung sowie die Analysen zu Kommunikationsansätzen, dass diversifizierte Kommunikationsstrategien notwendig sind. Mit Blick auf die Katastrophenvorsorge sind einerseits zielgruppenspezifische Informationskampagnen notwendig, die den verschiedenartigen Voraussetzungen einzelner Bevölkerungsgruppen Rechnung tragen (z.B. Migranten). Wichtig ist dabei, dass Risikoinformationen mit Handlungsmöglichkeiten verknüpft werden, um Angstgefühlen und Fatalismus vorzubeugen (Grothmann 2005: 215). Eine kontinuierliche Medienkommunikation ist in dieser Phase ein wichtiger Baustein, um das Katastrophenbewusstsein in der gesellschaftlichen Diskussion zu halten (DKKV 2000: 75ff.). Es sind jedoch journalismusspezifische Selektionskriterien zu berücksichtigen. Als wichtig wird dabei die Bildung von dauerhaften Netzwerken zwischen Journalisten und Katastrophenschützern angesehen. Ein weiterer Baustein sind dialogische und beteiligungsorientierte Ansätze, um lokale Erfahrungen und Bedürfnisse der Bürgerinnen und Bürger in Katastrophenschutzstrategien aufgreifen zu können sowie Eigeninitiative und Selbstorganisation zu mobilisieren. Schließlich erscheint auch der Einbezug der Thematik im Schulunterricht als sinnvoll, um langfristig Katastrophenmündigkeit in der Gesellschaft zu steigern. In der akuten Krisenphase sind funktionsfähige Frühwarn- und Vorhersagesysteme, insbesondere auch unter Einbeziehung der Massenmedien TV und Radio, von zentraler Bedeutung. Die Informationen müssen klar, verständlich und zielgerichtet an die Bevölkerung übermittelt werden. Inwieweit die Informationen dann von den Bürgerinnen und Bürgern adäquat verarbeitet werden, hängt wiederum in hohem Maße von ihrem Katastrophenbewusstsein ab, das vor dem Ereigniseintritt ausgebildet worden ist. Zudem muss es für diese Phase eine angemessene Kommunikationsstrategie zur Koordination staatlicher, bürgerschaftlicher und privater Schutzhandlungen geben. In der Phase der Katastrophennachsorge geht es zum einen um die Kommunikation von Hilfsangeboten, wie beispielsweise um professionelle Kommunikationsangebote zur Verminderung posttraumatischer Belastungsstörungen oder zu Kompensationsmöglichkeiten im Hinblick auf die Schadensregulierung. Zum anderen beginnt in dieser Phase die medienvermittelte gesellschaftliche Kommunikation über Verantwortlichkeiten, Fehlverhalten und Konsequenzen. Dies stellt besondere Anforderungen an die Katastrophen- und Krisenkommunikation. Deren Erfolg hängt in hohem Maße von der Qualität der längerfristig aufgebauten Interaktionsbeziehungen zwischen Katastrophenschutz, Bürgern und Medien ab (Dombrowsky 1991). Dabei ist neben der Katastrophenkommunikation im engeren Sinne die breitere Kommunikation über die Risikosituation, in der sich eine Gesellschaft befindet, von besonderer Relevanz.

*2.1.2 Risikokommunikation*

Risiken sind Schadensmöglichkeiten, die durch menschliches Handeln und Unterlassen, also durch individuelle und kollektive Entscheidungen, beeinflusst werden. Dabei stehen einem erwarteten Nutzen mögliche negative Konsequenzen gegenüber. Das Spektrum möglicher Risikosituationen ist beinahe unendlich, es reicht vom „riskanten" Geldeinsatz beim Glücksspiel über Risiken bei medizinischen Eingriffen bis hin zu veränderten Hochwasserrisiken aufgrund von Kosteneinsparungen beim Hochwasserschutz. Trotz dieser Vielfalt unterschiedlicher Ereignisse lassen sich Risiken aus naturwissenschaftlich-technischer Perspektive vergleichend analysieren. Als zentrales Maß wird dafür das Produkt aus Eintrittswahrscheinlichkeit (berechnet durch z.B. Fehlerbaum-Analysen oder Szenarien) multipliziert mit dem Schadensausmaß (berechnet durch z.B. Schadenspotenzialanalysen) genommen (Plate/Merz 2001: 16ff.).

Die expertenbasierte Analyse allein ist jedoch nicht ausreichend für die Gestaltung des gesellschaftlichen Risikomanagements. Zum einen ist auch die wissenschaftliche Risikoperspektive nicht perfekt aufgrund von prinzipiell unvollständigem Wissen, unsicherem Wissen bzw. Nicht-Wissen (Böschen/Wehling 2004). Und auch Experten-Analysen sind geprägt von (impliziten) Werturteilen und Prioritätensetzungen. Zum anderen haben wissenschaftliche Analysen und auf ihnen beruhende politische Entscheidungen in modernen Risikogesellschaften in den vergangenen Jahrzehnten einen Autoritätsverlust erlitten. Aufgrund des gestiegenen gesellschaftlichen Wissens-, Werte- und Interessenpluralismus sowie negativer Erfahrungen mit dem wissenschaftlich-technischen „Fortschritt" (z.B. Bhopal, Tschernobyl, Contergan, Umweltdegradation) haben wissenschaftliche Realitätsdeutungen in gesellschaftlichen Risikodiskussionen keine Monopolstellung (mehr) (Heinrichs 2002: 29ff.). Aus demokratietheoretischer wie funktionalistischer Perspektive sind deshalb die Bestimmung und die Bewertung von Risiken, wie des Risikos extremer Hochwasserereignisse unter Klimawandelbedingungen, in unterschiedliche gesellschaftliche Perspektiven einzubeziehen. Ähnlich wie bei der Katastrophenkommunikation gilt dabei auch für die Risikokommunikation, dass das Verständnis der Risikowahrnehmung für zielgerichtete Kommunikationsaktivitäten staatlicher Akteure grundlegend ist.

In den vergangenen drei Jahrzehnten hat die sozialwissenschaftliche Risikoforschung eine Vielzahl wichtiger Erkenntnisse hervorgebracht. Psychologische, soziologische und kulturwissenschaftliche Studien bieten heute eine gute Verständigungsgrundlage darüber, wie Risiken von Menschen und Gesellschaften wahrgenommen und bewertet werden (Krimsky/Golding 1992, Bayrische Rück 1993, Slovic 2000, Renn/Rohrmann 2000, Pidgeon/Kasperson/Slovic 2003, Renn 2007). Aus psychologischer Perspektive wurde intensiv analysiert, inwieweit sich die Risikowahrnehmung und -bewertung der Laien-Bevölkerung von Expertenurteilen unterscheiden und worin die Gründe dafür bestehen. Die psychometrische Risikoforschung hat dabei herausgearbeitet, dass für Nicht-Experten *die Risikoformel Schadensausmaß mal Eintrittswahrscheinlichkeit* nicht das allein entscheidende Kriterium für ihre Risikobeurteilung ist. Sie orientieren sich vielmehr an bestimmten Charakteristika, die sie Risiken zuschreiben. Dazu gehören vor allem: das Katastrophenpotenzial, die Freiwilligkeit der Risikoübernahme, der Bekanntheitsgrad des Risikos, die Schrecklichkeit, die Verteilung von Nutzen und Risiken, die persönliche Betroffenheit und die Glaubwürdigkeit der Verantwortlichen. Demzufolge ist es nicht überraschend, dass sich die intuitive Risikobeurteilung von Bürgerinnen und Bürgern oftmals nicht mit wissenschaftlichen Risikoabschätzungen decken. Auch wenn, statistisch gesehen, Autofahren beispielsweise riskanter sein mag als ein Unfall im Kernkraftwerk, so ist es doch nicht unwahrscheinlich, dass Menschen mit dem Auto zu einer Anti-Atomkraft-Demonstration fahren. In welchem Ausmaß diese Charakteristika unterschiedlichen Risiken zugeschrieben werden, hängt nicht zuletzt von persönlichen Attributen und Umweltbedingungen ab.

Es gibt risikoaverse und risikofreudige Menschen, dabei spielen emotionale Faktoren wie Ängstlichkeit eine Rolle. Wissen und persönliche Erfahrung beeinflussen die Risikowahrnehmung und Handlungsbereitschaft. Vorerfahrung steigert allgemein das Problembewusstsein; bei hoher Unsicherheit kann es aber auch zur Problemverdrängung und fatalistischen Haltung kommen. Die Einstellung zur Natur und ihren Dynamiken, zur politischen Handlungsfähigkeit, zur Selbstwirksamkeit eigenen Handelns sowie zur individuellen Kontrollüberzeugung beeinflusst die Risikowahrnehmung ebenso wie soziodemografische Aspekte: Frauen schätzen Risiken in der Regel höher ein als Männer, und ältere Menschen nehmen Risiken oft als bedrohlicher war als jüngere (zusammenfassend: Markau 2003: 129ff.). Neben diesen individuell variablen Dispositionen der Risikowahrnehmung wird die Wahrnehmung zudem durch mentale Heuristiken gesteuert. Da Risiken stets durch Unsicherheiten geprägt sind, Menschen aber kontinuierlich Situationen einschätzen müssen, um entscheiden und handeln zu können, lassen sich einige zentrale Wahrnehmungsmuster identifizieren (Kahnemann et al. 1992). Demnach wird die Risikowahrnehmung strukturiert durch die mentale Verfügbarkeit von (ähnlichen) Risikoereignissen, die Vermeidung von Dissonanz, bei der Informationen, die konträr zu vorhandenen Überzeugungen sind, abgeschwächt werden, die Konstruktion von scheinbaren Regelmäßigkeiten bei zufälligen Ereignissen, sowie durch den Gewöhnungseffekt, der bei regelmäßigen, gesellschaftlich akzeptierten Schadensfällen zu einer Unterschätzung des durchschnittlichen Schadensausmaßes führt. Diese personenbezogenen Bestimmungsfaktoren der Risikowahrnehmung werden ergänzt durch Umweltbedingungen; die physikalische Nähe zu einer Risikoquelle erhöht allgemein die Risikowahrnehmung. Diese vielfältigen Ergebnisse psychologischer Risikoforschung können jedoch nicht zureichend erklären, warum verschiedene Gesellschaften und Teilgruppen innerhalb von Gesellschaften Risiken unterschiedlich bewerten und wie die soziokulturellen Dynamiken die individuelle Risikowahrnehmung beeinflussen.

In soziologischen und kulturwissenschaftlichen Studien werden demgemäß die Relevanz kultureller Kontexte und sozialer Dynamiken für die individuelle und kollektive Risikowahrnehmung und -bewertung analysiert (Krimsky/ Golding 1992). Welche Phänomene in einer Gesellschaft oder von Teilgruppen als Risiko interpretiert werden – oder eben auch nicht, ist der kulturtheoretischen Perspektive zufolge von grundlegenden Vorstellungen über die Natur sowie über Formen sozialer Organisation abhängig (Douglas/Wildavsky 1983). So bestimmen grundlegende Naturbilder – gutmütige, verletzliche, tolerante, unberechenbare Natur – und grundlegende Organisationstypen – unternehmerisch, egalitaristisch, bürokratisch und individualistisch – die Risikoselektion in unterschiedlichen kulturellen Kontexten. So wären beispielsweise für unternehmerisch orientierte Akteure oder unternehmerisch dominierte Gesellschaften, die von einer gutmütigen Natur ausgehen, viele Umweltrisiken weniger dramatisch als für egalitaristische Akteurgruppen, die von einer verletzlichen Natur ausgehen. Dementsprechend werden gemäß dieser Theorie je nach Verteilung der Naturbilder und sozialen Organisationstypen in einer Gesellschaft Risiken unterschiedlich konstruiert und selektiert. Da in der empirischen Realität diese idealtypischen Muster kaum zu messen sind, ist dieser Ansatz kritisiert worden (Sjöberg 1997). Trotzdem bleibt die theoretisch-konzeptionelle Erkenntnis aufschlussreich, dass wir nicht von einer „objektiven" Risikoperspektive ausgehen sollten, sondern dass es wichtig ist, plurale Risikoperspektiven anzuerkennen, die in grundlegenden Kulturmustern verankert sind. Demnach ist die Risikowahrnehmung nicht nur durch individuell-psychologische Faktoren und natürliche bzw. halbnatürliche oder künstliche Umweltbedingungen bestimmt, sondern gerade auch durch die soziale Position und die jeweilige (Sub-) Kultur. Die Relevanz dieser Perspektive wird insbesondere in interkulturellen Vergleichen deutlich, wenn man beispielsweise versucht zu verstehen, warum in Deutschland Waldsterben und Atomkraft von weiten Teilen der Bevölkerung als große Risiken angesehen werden, während dies in Frankreich nicht der Fall ist. Sowohl der psychologische Ansatz als auch die Kulturtheorie können aber nicht die soziale Dynamik von Risiken erklären.

Vor knapp zwei Jahrzehnten wurde von international führenden Risikoforschern ein integratives Konzept zur Analyse der Verstärkung und Abschwächung von Risiken durch Wahrnehmungs- und Kommunikationsprozesse entwickelt (Pidgeon/Kasperson/Slovic 2003). Der „social amplification of risk framework" (SARF) zielt darauf ab, unterschiedliche Risikoforschungsperspektiven in einen kohärenten Gesamtzusammenhang zu stellen, um die Dynamik individueller und kollektiver Risikoverarbeitungsprozesse umfassend zu verstehen. Demnach sind ebenso unterschiedliche Informationsquellen und -kanäle, wie kollektive Akteure und Organisationen, individuelle Wahrnehmung sowie soziales und institutionelles Verhalten zu analysieren. Im Idealfall würde die Analyse der sozialen Risikodynamik somit sowohl Studien der persönlichen Kommunikation, Wahrnehmung und Verhaltensweisen von Individuen bezüglich eines betrachteten Risikos enthalten als auch Analysen der Motivationen und Aktivitäten der am Risikodiskurs beteiligten staatlichen, wirtschaftlichen und zivilgesellschaftlichen Akteure sowie der „Signalverarbeitung" über direkte und indirekte Informationskanäle.

Eine besondere Rolle mit Blick auf die Risikowahrnehmung und -kommunikation in der allgemeinen Bevölkerung wird in diesem Zusammenhang der medial strukturierten öffentlichen Kommunikation zugeschrieben (Renn 1992). Das Feld der mediatisierten Risikokommunikation beinhaltet vielfältige Elemente und Wirkungszusammenhänge zu denen PR-Aktivitäten von politischen, wirtschaftlichen und zivilgesellschaftlichen Akteuren ebenso gehören wie Expertenkontroversen und Skandalisierung von Ereignissen. Der Medienkommunikation wird im Hinblick auf die gesellschaftliche Risikowahrnehmung und -kommunikation eine herausragende Bedeutung zugeschrieben. Dabei ist jedoch zu berücksichtigen, wie bereits im Abschnitt zur Katastrophekommunikation beschrieben, dass die Informations- und Kommunikationsprozesse nicht linear ablaufen, sondern selektiv und interpretativ sind (Peters/Heinrichs 2005). Risikoereignisse werden von Journalisten unter Nutzung unterschiedlicher Quellen und deren Informationen und Interpretationen in spezifischer Weise „gerahmt". Bürgerinnen und Bürger selektieren und rezipieren die Medienangebote dann in Abhängigkeit von Vor-Erfahrungen, Wertvorstellungen, Wissen und sozialer Position und verarbeiten die rezipierten Deutungsmuster schließlich in persönlichen Gesprächen weiter. Auch wenn die Bedeutung der Medien für die soziale Dynamik der Risikowahrnehmung und -kommunikation nicht überschätzt werden darf, weil sie einerseits abhängt von den Risikointerpretationen gesellschaftlicher Akteure (Wissenschaft, Politik, Wirtschaft, Zivilgesellschaft) und andererseits die Medienrezeption ein (teilweise) aktiver Konstruktionsprozess der Mediennutzer ist, so kommt den Medien bei oftmals alltagsfernen (Umwelt-) Risiken doch eine wichtige Rolle für den gesellschaftlichen Risikodiskurs zu.

Die psychologischen, kulturwissenschaftlichen und soziologischen Perspektiven zeigen insgesamt auf, dass Risiko ein Konstrukt ist, das in vielfältigen Wechselwirkungen zwischen individuellen und kollektiven Akteuren in gegebenen kulturellen Kontexten und institutionellen Strukturen erzeugt und wahrgenommen wird. Diese grundlegenden Feststellungen gelten für Risikowahrnehmung allgemein. Für das in unserem Fallbeispiel im Vordergrund stehende

Risiko des Hochwassers lassen sich auf dieser Basis einige grundlegende Einflussfaktoren beschreiben (in Anlehnung an Markau 2003: 167):

*Tabelle 1: Faktoren für die Wahrnehmung des Hochwasserrisikos*

| Faktorenbeschreibung | Einfluss auf die Wahrnehmung der Schrecklichkeit des Risiko |
|---|---|
| Hochwasserereignisse werden als wenig katastrophal eingeschätzt (abgesehen von höchst seltenen Singulärereignissen!). | Senkend |
| Hochwasserereignisse werden im Eintrittsfall als unkontrollierbar eingeschätzt. | Steigernd |
| Hochwasserereignisse werden als lokal begrenzt eingeschätzt. | Senkend |
| Hochwasserereignisse werden oftmals als freiwillig übernommen eingeschätzt: „Man könnte ja auch wegziehen, aber ich wohne gerne hier!" | Senkend |
| Hochwasserereignisse werden als eher unwahrscheinlich eingestuft. | Senkend |
| Hochwasserereignissen werden im Vergleich mit anderen Schadensereignissen im mittleren Bereich der Gefährlichkeit eingeordnet. | Neutral |
| Folgen von Umweltrisiken, wie extremem Hochwasser, werden allgemein im Vergleich zu Technikrisiken weitgehend geringer eingeschätzt. | Senkend |
| Vor-Erfahrung mit Hochwasserereignissen erhöht tendenziell das Problembewusstsein, aber auch ein Gewöhnungseffekt (bei mittleren Hochwassern) oder ein Verdrängungseffekt (gegenüber extremen Hochwassern) werden beobachtet. | Ambivalent |

| | |
|---|---|
| Hochwasserereignisse allgemein werden im großen Verursachungszusammenhang als anthropogen generierte Situation eingeschätzt. | Senkend |
| Hochwasserereignisse werden im konkreten Entstehungszusammenhang als eine durch natürliche Umstände entstandene Situation eingeschätzt. | Steigernd |
| Die individuelle Kontrollüberzeugung gegenüber einem Schadensereignis variiert stark und beeinflusst die präventive Anpassungsreaktion. | Ambivalent |
| Emotionale Aspekte (wie Angst) sind bei Hochwasserereignissen vergleichsweise geringer ausgeprägt. | Senkend |

Da in wissenschaftlichen und teilweise in politischen Diskursen von wachsenden Hochwasserrisiken ausgegangen und Anpassungsbedarf gesehen wird, besteht somit die Notwendigkeit für eine zielgerichtete gesellschaftliche Kommunikation über Hochwasserrisiken, Schutzmaßnahmen und Anpassungsmöglichkeiten. Diese Erkenntnisse zur gesellschaftlichen Risikowahrnehmung und -kommunikation stellen hohe Ansprüche an die Gestaltung intendierter Risikokommunikation verantwortlicher Akteure. Die Risikokommunikationsforschung hat hierzu in den vergangenen Jahren wichtige Erkenntnisse geliefert.

Die Abschätzung von Risiken ist in hohem Maße abhängig von wissenschaftlich-technischer Expertise zur Analyse von Schadenspotenzialen, Wirkungsmechanismen und Eintrittswahrscheinlichkeiten. Daher ist nicht überraschend, dass in Kommunikationsprozessen zwischen Risikomanagern und der allgemeinen Bevölkerung die Vermittlung von Risiko-Expertise im Mittelpunkt steht. Über lange Zeit wurde Risikokommunikation beinahe ausschließlich aus der Perspektive der Aufklärung, Informationsvermittlung und Erziehung betrieben. Jedoch zeigt sich in zahlreichen Risikofeldern, von Atomenergie bis Gentechnik, dass die Risikoakzeptanz nicht unmittelbar durch die Bereitstellung von Expertenwissen gesteigert werden kann (Ruhrmann/Kohring 1996). Die Optimierung der Informationsvermittlung war und ist daher ein wichtiger Aspekt der psychologisch orientierten Risikokommunikationsforschung.

Es wurde z.B. herausgearbeitet, dass so genannte Laien Probleme haben, mit Wahrscheinlichkeiten umzugehen. Je nach Darstellungsform kann eine identische Wahrscheinlichkeitsaussage unterschiedliche Reaktionen hervorrufen

(Kahnemann et al. 1982). So macht es beispielsweise einen Unterschied für die intuitive Risikobewertung, ob von 30% Todesfällen oder 70% Überlebenden in einer Katastrophe gesprochen wird. Die Präsentation der Risiko-Expertise muss somit sorgfältig auf das Kommunikationsziel abgestimmt werden. Bei hypothetischen Risiken, wie sie beispielsweise in Sensitivitätsanalysen konstruiert werden, wäre dementsprechend die Unterscheidung von möglichem vs. wahrscheinlichem Ereignis zu kommunizieren.

Ausgefeilte Darstellungsformen und zielorientierte Rahmungen betreffen die Sachebene des Kommunikationsprozesses. Die Beziehungsebene zwischen Kommunikator und Rezipient ist dabei jedoch noch nicht berücksichtigt. Auch elaborierte Informationskampagnen können wirkungslos bleiben bzw. sogar Reaktanz hervorrufen, wenn die soziale Beziehung zwischen den am Kommunikationsprozess Beteiligten gestört ist. In der Risikokommunikationsforschung wurde insbesondere die Relevanz von Vertrauen und Glaubwürdigkeit vielfach untersucht und bestätigt (zusammenfassend: Ruhrmann/Kohring 1996: 38). Da man Vertrauen nicht haben kann, sondern es vom Kommunikationspartner zugeschrieben wird – oder eben auch nicht, muss es langfristig durch übereinstimmendes Reden und Handeln erworben werden. Hier gilt die Volksweisheit: Wer einmal lügt, dem glaubt man nicht, auch wenn er mal die Wahrheit spricht. Vertrauen ist demnach leicht zu verspielen, aber viel schwieriger aufzubauen.

Aber selbst wenn die Inhalte dem Kommunikationsziel angemessen präsentiert werden und der Kommunikator eine hohe Glaubwürdigkeit besitzt, kann es dennoch sein, dass Risikokonflikte nicht einfach aufzulösen sind. Die soziologische, interpretative Risikoforschung hat gezeigt, dass der Wert-, Interessen- und Wissenspluralismus in ausdifferenzierten Gesellschaften, in denen Menschen in heterogenen soziokulturellen Kontexten leben, dazu führt, dass Risiken und Risikoinformationen sehr unterschiedlich interpretiert werden. Es geht demnach eben nicht nur um eine möglichst effiziente Vermittlung von Risikoexpertise. Da Risikoeinschätzungen immer auch – zumindest implizit – mit Wertvorstellungen und Interessen verknüpft sind, diese aber in pluralistischen Gesellschaften nicht mehr als allgemein geteilt vorausgesetzt werden können, werden Ansätze dialogischer Risikokommunikation als notwendig erachtet (Ruhrmann/Kohring 1996, Renn/Zwick 1997: 87ff.). In Abgrenzung zum so genannten Defizit-Modell, bei dem in hierarchischen Kommunikationsbeziehungen den aufzuklärenden Laien Expertenwissen vermittelt wird, zielen dialogische, diskursive oder analytisch-deliberative Modelle auf symmetrische Kommunikationsprozesse zwischen Risikoexperten und Bürgern. Charakteristisch für diese partizipative und kooperative Risikokommunikation ist, dass Wissensansprüche in ihrem Werte- und Interessen-Kontext betrachtet werden. Es geht somit in

Risikodiskursen nicht mehr allein um Vermittlung von Risikoinformationen, sondern um Verständigung über Risikoentscheidungen.

Fasst man die Ergebnisse aus den Untersuchungen zur Risikokommunikation zusammen, so wird deutlich, dass nicht nur eine zielgruppenspezifische Kommunikationsstrategie notwendig ist, die den pluralen Kontexten, in denen sich Menschen in sozial komplexen Gesellschaften befinden, Rechnung trägt. Ebenso ist eine funktionsspezifische Ausdifferenzierung der Risikokommunikation notwendig. Je nach Kommunikationsziel – Informationsvermittlung, Schaffung von Vertrauen, Beteiligung an (fundamentalen) Risikoentscheidungen – sind unterschiedliche Informations-, Kommunikations- und Beteiligungsformen erforderlich. Neben direkter Risikokommunikation über Kampagnen oder partizipative Verfahren, die von den initiierenden Akteuren – z.B. im Rahmen staatlicher Risikomanagement-Aktivitäten – weitgehend gesteuert werden kann, ist auch die mediale Risikokommunikation mit Blick auf die breite Bevölkerung von zentraler Bedeutung. Aufgrund der Eigenlogik der Medien, insbesondere der journalistischen Funktion als „Gatekeeper", bei der Journalisten nach typischen Nachrichtenfaktoren Themen selektieren und in bestimmter Art und Weise rahmen und präsentieren, ist dieser wichtige Informations- und Kommunikationskanal für Risikomanager aber nicht steuerbar. Da gesellschaftliche Risikokommunikation aber andauernd stattfindet, in persönlichen Gesprächen, aber vor allem auch in der medial strukturierten Öffentlichkeit, in der vielfältige Risikoperspektiven repräsentiert sind, ist eine professionelle, intendierte Risikokommunikation staatlicher Instanzen notwendig, die sowohl Ansätze direkter wie medialer Kommunikation umfasst.

Die Kommunikation über Risiken, also über Schadensmöglichkeiten, hat zweifelsohne Berührungspunkte mit der Kommunikation über Katastrophen, bei der es stärker um Schäden und Schadensbewältigung geht. Wenn auch bislang in überwiegend getrennten Diskursen verhandelt, so scheint es vor allem mit Blick auf die Phasen der Katastrophenvorsorge und -nachsorge sinnvolle Verknüpfungsmöglichkeiten von Risiko- und Katastrophenkommunikation zu geben. Die differenzierte Kommunikation über Risiken, wie beispielsweise veränderte Hochwasserrisiken unter Klimawandelbedingungen, ist eine wichtige Randbedingung für die Kommunikation über Katastrophenvorsorgenotwendigkeiten und -maßnahmen. Und in der Phase der Katastrophennachsorge kann die Risikokommunikation dazu beitragen, Risikoentscheidungen explizit zu machen, um eine Verständigung mit der Bevölkerung darüber herzustellen, welche Sicherheit zu welchem Preis erreicht werden soll, wie Risiken verteilt werden und wie Verantwortlichkeiten im Katastrophen- und Risikomanagement zwischen staatlichen und gesellschaftlichen Akteuren aufgeteilt werden können. Katastrophen- und Risikokommunikation fokussieren vor allem negative Wirkungen spezifischer biophysikalischer Ereignisse, wie beispielsweise Hochwasser, auf die Kalkulierbarkeit von Unsicherheit (Eintrittswahrscheinlichkeit x Schadensausmaß), auf die Wahrnehmung und das Verhalten von Individuen und Gruppen und verfolgen tendenziell eine kurz- bis mittelfristige Perspektive (Gray/Wiedemann 1999). Wenn aber aufgrund von veränderten Randbedingungen – z.b. Klimawandel oder Landnutzung – grundlegendere Transformations- und Adaptionsprozesse notwendig erscheinen (vgl. LAWA 2001), stoßen Katastrophen- und Risikokommunikation an Grenzen. Im Rahmen der Diskussionen über nachhaltige Entwicklung bilden Katastrophen und Risiken als nichtnachhaltige Dynamiken den Ausgangspunkt für eine mittel- bis langfristige Perspektive, in der positive Gestaltungsalternativen im Vordergrund stehen, Phänomene integrativ bearbeitet werden sollen und damit nicht nur Individuen und Gruppen, sondern Gesellschaft-Umwelt-Systeme adressiert werden sollen (Gray & Wiedemann 1999: 204). In jüngerer Zeit sind zu diesem Zweck Ansätze einer Nachhaltigkeitskommunikation entwickelt worden.

*2.1.3 Nachhaltigkeitskommunikation*

Zwanzig Jahre nach dem viel zitierten Brundtland-Bericht und fünfzehn Jahre nach der Rio-Konferenz für Umwelt und Entwicklung, auf der mit der *Agenda 21* das Leitbild einer nachhaltigen Entwicklung von 183 Staaten verabschiedet wurde, sind vielfältige Nachhaltigkeitsaktivitäten auf der internationalen, nationalen und lokalen Ebene in Gang gesetzt worden: Es gibt eine enorme Fülle an wissenschaftlichen Analysen, Modellierungen und Simulationen, die nichtnachhaltige Entwicklungstrends wie z.B. den globalen Klimawandel, Biodiversitätsverlust oder Bodendegradation aufzeigen. Es gibt politische Aktivitäten, wie die Verabschiedung von internationalen Konventionen, die Einsetzung von Nachhaltigkeitsräten und die Entwicklung von Nachhaltigkeitsstrategien auf verschiedenen politischen Handlungsebenen.

Zivilgesellschaftliche Gruppen und NGOs, insbesondere aus den Bereichen Umwelt und Entwicklung, aber auch neue Initiativen zur Generationengerechtigkeit greifen das Thema auf. In Wirtschaftsunternehmen werden Nachhaltigkeitsabteilungen eingerichtet, Nachhaltigkeitsberichte veröffentlicht und nachhaltigkeitsorientierte Lobbyverbände der Wirtschaft gegründet (World Business Council for SD).

Im Rahmen der UNESCO-Dekade „Bildung für eine nachhaltige Entwicklung", die im Jahr 2007 begann, wird das Thema im Bildungsbereich propagiert. In der Wissenschaftslandschaft ist international eine aktive Szene der Nachhaltigkeitsforschung entstanden. In den Massenmedien wird im Rahmen der Nachrichtenberichterstattung über (Teil-)Probleme nachhaltiger Entwicklung, beispielsweise den globalen Klimawandel, intensiv berichtet. Darüber hinaus wird das Themenfeld auch in Dokumentarfilmen (Al Gores „Eine unbequeme Wahrheit") und in fiktionalen Formaten (Roland Emmerichs „The Day After Tomorrow") aufgegriffen. Und im neuen Medium Internet ist eine unüberschaubare Vielfalt an Informationen von wissenschaftlichen Institutionen, politischen und zivilgesellschaftlichen Akteuren vorhanden, weiterhin sind neue interaktive Kommunikationskanäle z.B. in Weblogs, die von aktiven Bürgerinnen und Bürgern genutzt werden (können), entstanden. In der allgemeinen Bevölkerung (bezogen auf Deutschland) ist das Leitbild zwar erst einer Minderheit bekannt, jedoch teilt eine Mehrheit die zentralen inhaltlichen Aussagen, so dass von einem guten Resonanzboden ausgegangen werden kann (Michelsen 2005: 25ff.).

Das Thema Nachhaltigkeit ist inzwischen zweifelsohne Teil der gesellschaftlichen Wirklichkeit. Doch obwohl eine zunehmend akzeptierte Problemwahrnehmung bestehen mag, die anerkennt, dass aktuelle soziale und biophysikalische Dynamiken – angetrieben durch Globalisierung und globale Umweltveränderungen – riskante Störungen in Gesellschaften und Umwelten auslösen, gibt es eine große Interpretationsoffenheit darüber, wie eine nachhaltige Entwicklung aussieht. Da es nicht weniger als um eine Ko-Optimierung von sozialen, ökologischen und ökonomischen Entwicklungen geht, in der zeitlich und räumlich distanzierte Effekte (inter-/intragenerationell) berücksichtigt werden sollen, hat man es unvermeidlich mit Unsicherheiten im Wissen (kognitive Ebene) und Uneindeutigkeiten in Bewertungen (normative Ebene) zu tun. Angesichts des existierenden Wissens-, Interessen- und Wertepluralismus lässt sich Nachhaltigkeit als analytisches und normatives Phänomen also kaum gesetzlich verordnen und technisch umsetzen. Neben notwendigen gesetzlichen Rahmensetzungen und marktwirtschaftlichen Ansätzen sind also kommunikative Ansätze wesentlich, um verständigungsorientierte Meinungs-, Willensbildungs-, Entscheidungs- und Gestaltungsprozesse zu initiieren (Heinrichs 2005b).

Als junges Themen- und Forschungsfeld ist Nachhaltigkeitskommunikation jedoch bislang kaum theoretisch ausgearbeitet und empirisch angewendet. Sie knüpft an Ansätze der Umwelt-, Risiko- und Wissenschaftskommunikation an und ist interdisziplinär ausgerichtet (Adomßent/Godemann 2005: 42ff.). Soziologische, psychologische, kommunikationswissenschaftliche und erziehungs-/bildungswissenschaftliche Perspektiven werden herangezogen, um kommunikative Aspekte von Nachhaltigkeit in verschiedenen Aktivitätsfeldern zu analysieren und ggf. zu optimieren, z.B.: Medienberichterstattung und „neue" Medien, Bildung für nachhaltige Entwicklung, PR und soziales Marketing, Unternehmenskommunikation, politische Kommunikation, Partizipation und Kooperation, Ausstellungen (Michelsen/Godemann 2005). Dabei rücken unterschiedliche Handlungsebenen (lokal, regional, national, international) und Problembereiche wie Naturschutz, Mobilität, Energie, Konsum etc. in den Blick. Neben der informationsorientierten Popularisierung des Leitbilds nachhaltiger Entwicklung besteht eine besondere Herausforderung für die Nachhaltigkeitskommunikation darin, verständigungsorientierte Kommunikation zu ermöglichen. Dies ist unabdingbar angesichts der komplexen individuellen, insbesondere aber auch kollektiven Entscheidungs- und Gestaltungsprozesse zur nachhaltigen Entwicklung, in denen es ebenso um die Auseinandersetzung mit oftmals unsicherem, antizipativen Wissensansprüchen wie um Diskussionen über ggf. notwendige Anpassungen von Prioritätensetzungen sowohl bei Wertorientierungen als auch bei Präferenzen geht. Aufgrund der Interpretations- und Gestaltungsoffenheit nachhaltiger Entwicklungsprozesse sind in der Nachhaltigkeitskommunikation dialogische, partizipative und kooperative Ansätze von besonderer Relevanz. Eine Ausweitung der Bürgerbeteiligung, wie sie in vielen lokalen Agenda-21-Prozessen vor allem in den 1990er Jahren initiiert wurde, gehören ebenso dazu wie kooperative Verfahren zur systematischen Einbeziehung von Anspruchsgruppen in Entscheidungsprozesse (z.B. Mediation, Bürgergutachten, Konsensuskonferenzen etc.) (Heinrichs 2005b).

Auffällig ist, dass in den aktuellen Diskussionen zur Nachhaltigkeitskommunikation das Themenfeld *Anpassung* bislang kaum bis gar nicht zur Sprache kommt. Der normative wie analytische Fokus liegt eindeutig auf dem Aspekt der Vermeidung bzw. der Reduktion nicht-nachhaltiger sozialer, ökonomischer und ökologischer Prozesse. Diese Prioritätensetzung – Vermeidung vor Sanierung vor Anpassung, die an die zweifelsohne begrüßenswerte Tradition der Umweltpolitik anknüpft, ist aber mit Blick auf die Herausforderung des Klimawandels, wie beschrieben, unzureichend. Das Erkenntnis- und Gestaltungspotenzial, das das noch junge Gebiet der Nachhaltigkeitskommunikation erarbeitet hat, leistet einen wichtigen Beitrag für unser Konzept der Adaptionskommunikation.

Am Themenfeld *Klimawandel und Hochwasser*, das mit einer Problemkonstellation konfrontiert ist, die durch hohe sachliche und soziale Komplexität geprägt ist, lässt sich die Bedeutung der Nachhaltigkeitskommunikation für die Adaptionskommunikation illustrieren:

Der globale Klimawandel verändert durch Meeresspiegelanstieg und Sturmflutrisiken im Flussmündungsbereich (wie in unseren Fallbeispielen in Hamburg und Bremen) sowie durch Gletscherschmelze und veränderte Niederschlagsmuster die Hochwassersituation ebenso wie Flusslaufbegradigung und -vertiefungen. Intensivierte Land- und Raumnutzung – angetrieben durch soziale und ökonomische Trends – erhöhen in Flussnähe Schadenspotenziale. Zahlreiche Akteure mit unterschiedlichen Interessen, Wertvorstellungen und Wissensansprüchen sind in komplexen Mehrebenen-Multi-Stakeholder-Prozessen zu berücksichtigen (Hochwasserschutz, Binnenschifffahrt, Landwirtschaft, Tourismus, Bauträger, Bürger etc.).

Die Kommunikation über eine nachhaltige Entwicklung in Bezug auf Hochwasser geht somit weit über Ansätze der Katastrophen- und Risikokommunikation hinaus. Es geht nicht nur um Information und Kommunikation zur Optimierung von Katastrophen- und Risikomanagement, sondern vielmehr um mittel- bis langfristig orientierte Transformationen der Wechselwirkungen zwischen Umwelt und Gesellschaft, die zukunftsfähiger also nachhaltiger sein sollen als die momentanen Strukturen. Katastrophen- und Risikokommunikation sind in diesem Sinne um eine auf Zukunftsgestaltung ausgerichtete Nachhaltigkeitskommunikation zu ergänzen.

## 2.2 Adaptionskommunikationen

Um potenzielle Schäden nachhaltig zu reduzieren und ein angemessenes Verhalten der Bevölkerung im Katastrophenfall zu gewährleisten, ist somit eine differenzierte öffentliche Kommunikation über Katastrophen, Risiken und nachhaltige Anpassungsmöglichkeiten zwischen verantwortlichen (staatlichen) Akteuren und Bürgern notwendig. Es geht um die proaktive Initiierung eines gesellschaftlichen Diskurses durch verantwortliche Institutionen über Verantwortungsverteilung und Handlungsmöglichkeiten im Katastrophenfall, über eine rationale Analyse und Bewertung von Risiken, die die pluralen gesellschaftlichen Ansprüche aufnimmt, sowie über kooperative Strategien nachhaltiger Entwicklung. Dafür sind Ansätze der Katastrophen-, Risiko- und Nachhaltigkeitskommunikation relevant, die sich in ein Konzept der „Adaptionskommunikation" integrieren lassen.

Zunächst geht es um eine umfassende Katastrophen(vorsorge)-kommunikation, um die Bevölkerung auf den Fall des Eintretens eines Hochwasserereignisses vorzubereiten und im Katastrophenfall in den Bürgerinnen und Bürger kompetente Partner des professionellen Katastrophenschutzes zu haben. Dazu gehören sowohl Informationen zum Verhalten im Notfall und zur Nachsorge als auch zu Möglichkeiten des individuellen und gemeinschaftlichen Selbstschutzes, um die Kooperation zwischen Bevölkerung und professionellen Akteuren im Katastrophenfall zu erleichtern.

Die Risikokommunikation ist darüber hinaus notwendig, um systematische Verständigungsprozesse zwischen staatlichen Einrichtungen und Bürgerinnen und Bürgern über Risiken, Rest-Risiken und Handlungsnotwendigkeiten zur Risikoreduktion und zum Risikomanagement zu erreichen. Einerseits geht es dabei um die Förderung des Hochwasserrisikobewusstseins in der Bevölkerung auf der Grundlage der naturwissenschaftlich-technischen Risikoanalysen. Andererseits sind aber die gesellschaftspolitische Bewertung der Risiken und Handlungsoptionen sowie die Risikowahrnehmungen der Bürger zu berücksichtigen. Die Kommunikation über aktuelle und zukünftige Hochwasserrisiken unter Klimawandelbedingungen erfordert deshalb neben Informationsstrategien auch dialogorientierte Kommunikations- und Beteiligungsmöglichkeiten.

In der Nachhaltigkeitskommunikation schließlich, die bislang kaum in wissenschaftlichen und politischen Diskursen zum Hochwassermanagement thematisiert wird, ist Kommunikation über Risiken und das Management von Risiken nicht der End- sondern der Ausgangspunkt. Dabei geht es um die Initiierung von Such-, Lern- und Gestaltungsprozessen, die antizipativ räumlich-zeitlich-distanzierte Effekte fokussieren, die sektorübergreifend ausgerichtet sind, indem sie den Hochwasserschutz mit anderen Bereichen, wie beispielsweise Bevölkerungs- und Wirtschaftsentwicklung verknüpfen, und die ökologische Tragfähigkeit, die wirtschaftliche Entwicklung und die soziale Gerechtigkeit, intra- bzw. intergenerationell integrativ betrachten. Damit verfolgt die Nachhaltigkeitskommunikation eine breiter angelegte systemisch-transformierende Perspektive als die stärker managementorientierte, auf Individuen und Gruppen ausgerichtete Risikokommunikation. Die Beteiligung von Anspruchsgruppen und Bürgern an Kommunikations- und Entscheidungsprozessen zur nachhaltigen Entwicklung im Themenfeld Hochwasser ist dabei zentral.

Eine vorausschauende Adaptionskommunikation, die auf eine Steigerung der Katastrophen- und Risikokompetenz der Bürgerinnen und Bürger sowie auf partizipative Entscheidungsfindung und Gestaltung zielt, ist somit gut beraten, das Wissen über Katastrophen-, Risiko- und Nachhaltigkeitskommunikation aufzugreifen und systematisch zu integrieren.

### 2.2.1 Was ist das neue an der Adaptionskommunikation?

In der Geschichte der Umweltprobleme der letzten Jahrzehnte zeigt sich kontinuierlich eine starke Zurückhaltung in der Anwendung adaptionsbezogener Kommunikation. Dies liegt zum großen Teil daran, dass scheinbar bei der Hinwendung auf Anpassung der Fokus explizit abgelenkt wird von dem normativ höher stehenden Ziel der Abwendung eines Schadensereignisses, also die Vermeidung von Umweltveränderungen. Das bedeutet, diejenigen, die von Anpassung reden, haben scheinbar die Hoffnung auf Abwendung der Risikolage aufgegeben. Daher wird versucht, so lange wie möglich das Ziel hochzuhalten, eine Situation zu erzeugen, die eine Anpassung unnötig machen. Dieser wünschenswerten Sichtweise schließen wir uns nachdrücklich an. Aufgrund der beschriebenen Situation des globalen Wandels steht die Menschheit nun aber vor einer Situation, die diese dichotome Wahrnehmung von *entweder* Anpassung *oder* Abwendung hinfällig macht. Im Hinblick auf den globalen Klimawandel ist es an der Zeit, vom *Entweder* (Mitigation) – *Oder* (Adaption) zum *Sowohl* (Mitigation) *als auch* (Adaption) zu kommen.

Als Sozialwissenschaftler können wir zwar selbstverständlich keine naturwissenschaftlichen Gutachten aufstellen, nehmen aber angesichts der hochgradig verdichteten Anzeichen in der wissenschaftlichen Literatur dennoch mit großer Wahrscheinlichkeit einen momentanen und anstehenden Wandel des Klimas als gegeben an. Niemand diskutiert mehr ernsthaft, ob sich etwas wandelt, sondern nur noch über das Ausmaß und die zeitlichen Dimensionen. Insbesondere der Faktor *Zeit* tritt erstmalig in der Menschheitsgeschichte mit großer Deutlichkeit in den Mittelpunkt – man begreift mehr und mehr, wie stark heutige Handlungen in der Zukunft liegende Folgen evozieren. Die Beobachtungsdaten zum Klimawandel und die Projektionen sind eindeutig: Selbst wenn unmittelbar und adäquat zur Eindämmung der Folgen reagiert würde, was nicht annähernd geschieht, käme (und kommt) die Menschheit nicht um eine Konfrontation mit diesen Folgen herum. In der politischen Rezeption der wissenschaftlichen Prognosen hat sich ein maximaler Anstieg von 2 Grad Celsius der globalen Durchschnittstemperatur als Zielmarke durchgesetzt. Diese Setzung macht deutlich, dass ein Wandel als unabwendbar angesehen wird und bereits gering angesetzte Ziele nur schwer zu erreichen sein werden. Es handelt sich um eine Kompromissabwägung aus Aufwand und Nutzen (als Vermeidung von Schäden), deren Verfehlen möglich ist.

Daraus folgern wir, dass im Themenfeld des Klimawandels diese normative Sichtweise der Präferenz von Abwendung gegenüber Anpassung nicht wie bei anderen Risikoquellen der Vergangenheit und Gegenwart abermals routinemäßig als Argument angeführt werden kann. Eine Kommunikation, die nicht auch auf Adaption angelegt ist, vernachlässigt damit die Sorgfaltspflicht gegenüber den Kommunikationsadressaten. Dieser Aussage liegt ein Modell zu Grunde, welches davon ausgeht, begrenzte Ressourcen in alternative Entscheidungsrichtungen verteilen zu können. In der Art einer Wippe haben wir also mit Anpassung und Vermeidung zwei Möglichkeiten der Akzentuierung. Bezogen auf unseren zunächst nicht-normativen Appell zur Adaptionskommunikation, würde dies bedeuten, ebenso viel Kraft oder Ressourcen für die Adaptionskommunikation aufzuwenden, bis der erzielbare Grenzwertnutzen kleiner wird als der negative Grenzwertnutzen von weniger Abwendungsmaßnahmen (bzw. anderen Kommunikationszwecken). In welcher Einheit dies verrechnet werden soll, ist selbstverständlich fraglich und hier auch nicht vordergründig wichtig. Verdeutlichen möchten wir vielmehr, dass ein angemessenes Mischungsverhältnis von Kommunikation zu Vermeidungs- und Anpassungsmaßnahmen notwendig ist. Unser Anliegen ist es deshalb, auf die Notwendigkeit von Adaptionskommunikation aufmerksam zu machen. Andere Kommunikationsziele müssen dabei keineswegs auf Null reduziert werden, jedoch einen Anteil der Ressourcen abgeben, um, wie der Klimaforscher Hans Joachim Schellnhuber es in einem ZEIT-Interview ausdrückte, das Unbeherrschbare zu vermeiden und das Unvermeidbare zu beherrschen.

## 2.2.2 Kommunikationsziel Handlungskompetenz

Die Adaptionskommunikation zielt somit auf die Steigerung der Katastrophen- und Risikomündigkeit der Bürgerinnen und Bürger. Sie dient letztlich der Ausbildung von Handlungskompetenz. Hauptsächlich geht es darum, in den Stand versetzt zu werden, die Thematik kognitiv erfassen und eigene Handlungen darauf abstimmen zu können. Aspekte der Nachhaltigkeitskommunikation spielen dabei gerade deshalb eine wichtige Rolle, weil es um einen neuen Grad der Verkopplung von Regionalem und Globalem geht. Regionale Folgen werden (größtenteils) anderenorts und zu einem anderen Zeitpunkt erzeugt, sie haben eine nicht unmittelbar wahrnehmbare Ursache-Wirkungs-Kopplung. Die kausalen Muster sind beispiellos komplex. Sie sind nicht aus der Alltagserfahrung ableitbar und unterliegen keinen Erfahrungsmustern. In der Adaptionskommunikation geht es also nicht vorrangig darum aufzuzeigen, in welchem Maße das eigene Handeln sich mit dem Handeln anderer aggregiert und zu gewissen Folgen führt. Sondern umgekehrt darum, die Folgen aggregierter Handlungen auf die individuelle Lebenswelt aufzuzeigen und individuelle und kollektive Reaktionsmöglichkeiten zu optimieren.

Auf der Grundlage dieser theoretisch-konzeptionellen Perspektive haben wir anhand einer empirischen Fallstudie zum Thema Klimawandel und Hochwasserrisiken analysiert, wie lokalspezifische Anpassungsmöglichkeiten durch gesellschaftliche Katastrophen-, Risiko- und Nachhaltigkeitskommunikation geprägt werden. Zentrale Aspekte sind dabei die institutionelle und mediale Risikokommunikation, die Katastrophen-, Risiko- und Nachhaltigkeitswahrnehmungen und -repräsentationen von Bürgerinnen und Bürgern sowie Meinungen zu Beteiligungsmöglichkeiten in hochwasserbezogenen Entscheidungsprozessen. Aus den Ergebnissen der Fallstudie lassen sich allgemeine Hinweise für die Gestaltung einer integrierten Adaptionskommunikation ableiten.

# 3. Fallstudie: Klimawandel, Hochwasser, Adaption

In den vorangegangenen Kapiteln haben wir dargelegt, dass der globale Wandel neue Anforderungen an den Umgang mit Umweltrisiken stellt. Bei extremen Hochwassern, einem Problembereich, der sich durch geringe Wahrscheinlichkeiten und hohe Schadenspotenziale (100jähriges Hochwasser) definiert, müssen demzufolge existierende Hochwasserschutzstrategien an eine gewachsene sachliche und soziale Komplexität angepasst werden: der globale Klimawandel, veränderte Landnutzung, Aufbau von Werten in Flussnähe und gesellschaftliche Pluralisierung führen zu einer Steigerung von Hochwasserrisiken sowie zu einer Veränderung von individuellen und kollektiven Gestaltungsmöglichkeiten und Verantwortlichkeiten. Wie die Auswertung der Erfahrungen bei der Bewältigung der Extremhochwasser der letzten Jahre zeigt, darf sich ein zukunftsfähiges Hochwassermanagement nicht auf naturwissenschaftlich-technische Aspekte beschränken, sondern muss auch die sich ändernden gesellschaftlichen Perspektiven angemessen integrieren.

Das interdisziplinäre Verbundvorhaben „Integratives Hochwasserrisikomanagement in einer individualisierten Gesellschaft" (INNIG)[4], zu dem wir im rahmen eines Teilprojekts die Analyse der gesellschaftlichen Kommunikation über Hochwasser beigetragen haben, hatte das Ziel, Orientierungs- und Handlungswissen für die gesamtgesellschaftliche Zukunftsaufgabe „integriertes Risikomanagement im Hochwasserschutz" bereitzustellen. Dazu wurden im Rahmen eines Teilprojektes des Forschungsvorhabens *INNIG* interdisziplinär die Konsequenzen von und der Umgang mit Extremhochwassern der Weser (auch in einem Zusammentreffen mit Sturmfluten im Ästuar) für die Stadt Bremen und ihr Umland untersucht. Neben der probabilistischen Risikoanalyse zur Bestimmung von Bedrohungslagen, der Stärken- und Schwächen-Analyse institutioneller Bewältigungskapazitäten sowie psychologischer Untersuchungen zum Risikoverhalten[5] war unsere Analyse auf die gesellschaftliche Wahrnehmung, Repräsentation und Kommunikation von Hochwasser gerichtet. Dabei haben wir

---

[4] http://www.innig.uni-bremen.de
[5] Die genannten Aspekte wurden von den anderen Teilprojekten im Verbundvorhaben INNIG bearbeitet.

auf Katastrophen-, Risiko- Nachhaltigkeits- und schließlich Adaptionsaspekte fokussiert. Die Leitfragen der kommunikationswissenschaftlichen Perspektive lauteten:

Wie kommunizieren die für den Hochwasserschutz verantwortlichen Behörden und Institutionen mit der Öffentlichkeit?
Wie berichten die Medien über Hochwasserkatastrophen und -risiken sowie Handlungsnotwendigkeiten und -möglichkeiten?
Wie denken die Bürgerinnen und Bürger über Hochwasserrisiken und nachhaltigen Hochwasserschutz?

Wir sind von der Annahme ausgegangen, dass die öffentliche Kommunikation über Risiken von extremen Hochwassern aufgrund der Alltagsferne dieser Ereignisse maßgeblich für die Problemwahrnehmung, die Bewusstseinsbildung und die darauf gegründeten Handlungsbereitschaften der Bürgerinnen und Bürger ist. Als Erweiterung der stärker (sozial-)psychologisch orientierten Risikowahrnehmungsforschung zielt unsere soziologische Analyse damit auf die Wechselwirkung von Kommunikationsaktivitäten verantwortlicher Institutionen, der (lokalen) Medienberichterstattung sowie der Wahrnehmung, Repräsentation und Handlungsorientierung von Bürgerinnen und Bürgern zum vorausschauenden Umgang mit Hochwasser. Vor dem Hintergrund unseres theoretisch-konzeptionellen Ansatzes haben wir mit einem Multi-Methoden-Ansatz die öffentliche Kommunikation (Medienberichterstattung/behördliche Risikokommunikation) und die Wahrnehmung der Bevölkerung von Hochwasser und nachhaltigen Schutzmaßnahmen analysiert (repräsentative Befragung/Fokusgruppen). Die einzelnen Teilstudien wurden aufeinander abgestimmt, um ein umfassendes Bild der Adaptionskommunikation extremer Hochwasserereignisse zu erhalten und zentrale Wirkmechanismen identifizieren zu können. Bevor wir die empirischen Ergebnisse vorstellen und diskutieren, führen wir kurz in das Themenfeld *Hochwasser* ein und beschreiben das Untersuchungsgebiet sowie das methodische Design der Studie.

## 3.1 Hochwasser

Hochwasser sind natürliche Ereignisse des globalen, regionalen und lokalen Wasserkreislaufs. In Abhängigkeit von meteorologischen und hydrogeologischen Bedingungen, wie Starkregen und Bach- und Flussverläufen, kommt es zu Überschwemmungen, wenn große Wassermengen in einem Abflussgebiet in kurzer Zeit zusammenkommen und die Speicherkapazitäten der Landschaft

# Fallstudie: Klimawandel, Hochwasser, Adaption

(Bewuchs, Boden, Gelände, Gewässernetze) überschritten werden (LAWA 1995: 2ff.). Diese im jahreszeitlichen Rhythmus auftretenden natürlichen Prozesse werden erst dann zu Hochwasserschäden und – im extremen Fall der Unterbrechung gesellschaftlicher Funktionsfähigkeit – zu Katastrophen, wenn zivilisatorische Werte (Gesundheit, Leben, Infrastruktur, Gebäude etc.) betroffen werden. Da Flusstäler von jeher bevorzugte Siedlungsgebiete sind, weil sie fruchtbares Land, Zugang zu Süßwasser und den Fluss als Transportweg bieten, gehört der Umgang mit Hochwasser, das Erleiden von Hochwasserkatastrophen und das Bemühen um Hochwasserschutz zur Zivilisationsgeschichte (DKKV 2003: 11). Die teilweise katastrophalen Hochwasserereignisse der vergangenen Jahre zeigen, dass gerade auch in hoch technisierten Ländern wie Deutschland ein veränderter Umgang mit Hochwasser notwendig ist, um sowohl Risiken nachhaltig zu reduzieren als auch im Katastrophenfall handlungsfähiger zu sein.

Der Innovationsbedarf bei Hochwasserschutz und -vorsorge wird in politischen und wissenschaftlichen Diskursen seit einigen Jahren verstärkt thematisiert (vgl. LAWA 1995, Vereinte Nationen 2000, Plapp 2003, EU 2004, , BVBW 2005, UBA 2006) Dabei geht es um nicht weniger als einen Paradigmenwechsel von der auf Gefahrenabwehr orientierten Sicherheitskultur zur präventionsorientierten Risikokultur:

„Das bisherige Sicherheitsdenken wird international zunehmend durch eine Risikokultur ersetzt, die zunächst gesamtheitlich betrachtet was »überhaupt passieren kann« (Risikoanalyse). Darauf aufbauend wird das Risiko bewertet »Was darf nicht passieren?« und »Welche Sicherheit für welchen Preis?« (Risikobewertung). Daraus leitet sich die Suche nach möglichen Gegenmaßnahmen ab: »Wie kann mit dem Risiko bestmöglich umgegangen werden? « (Risikoumgang)" (DKKV 2003, 10)

Während die defensive Gefahrenabwehr nur punktuell auf Hochwasserereignisse reagierte, beispielsweise durch eine Deicherhöhung, zielt die Risikoperspektive auf eine systematische Analyse der komplexen Risikosituation und die Abwägung von Handlungsoptionen. Dabei kommt die Versagenswahrscheinlichkeit technischer Schutzvorrichtungen genauso in den Blick wie das Schadenspotenzial oder die Eintrittswahrscheinlichkeit extremer Hochwasserereignisse – auch mit Blick auf den globalen Klimawandel. Das folgende Schaubild gibt einen Überblick über zentrale Aspekte des Paradigmenwechsels.

*Tabelle 2: Sicherheits- und Risikokultur*

|  | Sicherheit | Risiko |
|---|---|---|
| Zentrale Frage | Wie können wir uns schützen? | Welche Sicherheit zu welchem Preis? |
| Erfasste Ereignisse | Häufige | häufige und seltene |
| Stellenwert der Gefahren | Nicht bekannt | Bekannt, Bewertung berücksichtigt |
| Maßnahmenplanung | Fachtechnisch | Interdisziplinär |
| Vergleich von Maßnahmen | Kaum möglich | Wirksamkeit vergleichbar erfasst, Akzeptanz berücksichtigt |
| Steuerung des Mitteleinsatzes | Sektorell | Aktiv, Prioritätensetzung aus Gesamtschau |
| Sicherheit | Für die heutige Generation hoch in einzelnen Sektoren | Solidarität mit künftigen Generationen ausgewogen für das Gesamtsystem |

Quelle: DKKV 2003, S. 14

Da der Risikoansatz zu einer umfassenderen Problemanalyse und einer transparenteren Bewertungsgrundlage führt, wird auch deutlich, dass es kein Null-Risiko gibt. Es gibt das Risiko des Versagens technischer Schutzeinrichtungen und das Rest-Risiko eines extremen Hochwassers, auf das die Schutzeinrichtungen nicht ausgerichtet sind. Sicherheitsillusionen werden dadurch aufgelöst und eine systematische Kommunikation zwischen den verantwortlichen staatlichen Einrichtungen und der Gesellschaft notwendig, um zu akzeptablen und akzeptierten Risikoentscheidungen zu kommen. Die daraus resultierende Frage lautet, welche Risiken wollen wir zu welchem Preis durch welche technischen und nicht-technischen Maßnahmen ausschließen, also auch um die (Neu-)Verteilung von Verantwortung zwischen Staat und Gesellschaft für die Vorsorge und den

Katastrophenfall. In den strategisch-konzeptionellen Politik-Programmen zum nachhaltigen Hochwasserrisikomanagement geht es daher neben Aspekten wie dem technischen und ökologischen Hochwasserschutz, dem Flächen- oder Katastrophenmanagement auch um die Förderung des öffentlichen Hochwasser-Bewusstseins, der Öffentlichkeitsbeteiligung und der Förderung der Eigenverantwortung und bürgerschaftlichen Selbstorganisation (vgl. LAWA 1995, Vereinte Nationen 2000, EU 2004, UBA 2006, BVBW 2005). Angesichts der Zunahme von Hochwasserrisiken aufgrund des globalen Klimawandels gewinnen Information, Kommunikation und Bürgerbeteiligung für Katastrophenvorsorge und -bewältigung, Risikoabschätzung, -bewertung und -management sowie Such-, Lern- und Gestaltungsprozesse einer nachhaltigen Entwicklung von Flusseinzugsgebieten stark an Bedeutung. Schließlich erscheinen für ein nachhaltiges Hochwassermanagement weit reichende Anpassungsmaßnahmen notwendig.

## 3.2 Die räumlich-geografische Lage des Untersuchungsgebiets

Im Zentrum der Untersuchung stand die empirische Analyse der Kommunikation und Repräsentation von Hochwasser in Bremen. Um aber die bremische Situation entsprechend einordnen und die Ergebnisse bewerten zu können, haben wir Hamburg vergleichend analysiert. Ein Vergleich der beiden Hansestädte bietet sich insbesondere deshalb an, weil es in Hamburg nach der schweren Sturmflut von 1962 institutionelle Veränderungen im Küsten- und Hochwasserschutz gab, die unter anderem zu einer offensiveren und intensivierten Risikokommunikation mit den Bürgern führte. In Bremen wird demgegenüber sehr viel restriktiver und defensiver über Hochwasserrisiken und -schutz kommuniziert. Es gibt somit eine unterschiedliche institutionelle Kommunikation über Hochwasser in beiden Städten, obwohl aus naturwissenschaftlicher Perspektive eine ähnliche Bedrohungslage besteht.[6]

In beiden Städten kann es zum Zusammentreffen einer Sturmflut mit einem hohen Oberwasser kommen. Dieses könnte in beiden Städten die Gefährdungslage und damit das Hochwasserrisiko unter Klimawandelbedingungen verschärfen. Die Unterläufe von Elbe und Weser liegen im Naturraum „Nordwestdeutsches Tiefland" und münden in die Deutsche Bucht der südlichen Nordsee. Das Ästuar der Unterweser verläuft in Nord-Süd Richtung, jenes der Unterelbe von

---

[6] Für die vergleichende naturwissenschaftliche Betrachtungsweise der Risikolage von Bremen und Hamburg danken wir Stefan Wittig aus dem Forschungsverbund INNIG, auf dessen Diagnosen die Ausführungen beruhen.

Nord-Ost nach Süd-West, was insbesondere für das Eintreten von windrichtungsabhängigen Hochwasserständen bedeutsam ist. Die Tidegrenzen der beiden Ästuare befinden sich flussaufwärts in bzw. hinter den Städten Bremen und Hamburg und sind damit ca. 68 km (Unterweser) und ca. 125km (Unterelbe) von der in die Nordsee mündenden Außenweser bzw. Außenelbe entfernt. Der Tideeinfluss wird in beiden Städten von einem Wehr begrenzt (Weserwehr in Bremen-Hemelingen; Wehr in Geesthacht für Hamburg). Aufgrund der starken Ausbauten in der Vergangenheit (Weser auf 9m, Elbe auf 13,5m unter Mittlerem Tideniedrigwasser) ist der Tidehub in Bremen auf ca. 4m und in Hamburg auf 3,6m (Pegel St. Pauli) gestiegen. Auch die Dauer, bis eine Tidewelle von der Nordsee die Städte Bremen und Hamburg erreicht, hat sich dadurch stark verkürzt, was insbesondere für die Vorhersagezeit von Sturmfluten bedeutend ist. Die Tidewelle läuft von Cuxhaven nach Hamburg heute eine Stunde schneller als vor 100 Jahren und das mittlere Tidehochwasser ist in den letzten 130 Jahren in Cuxhaven um 30cm gestiegen. Die aktuellen Ausbau- bzw. Anpassungsplanungen sowohl von Unter- und Außenweser (auf 14,7m für die Außenweser) als auch der Unterelbe (auf 16,5m) werden diesen Trend voraussichtlich fortführen. Neben den mittleren Tidewasserständen werden damit auch extreme Wasserstände, wie sie durch Sturmtiefs über der Nordsee verursacht werden können, als Sturmfluten vergleichsweise ungebremst die Unterläufe durchlaufen und somit ungehindert Bremen und Hamburg erreichen können.

Die Einzugsgebiete von Weser und Elbe betragen jeweils ca. 46.000 und 149.000 Quadratkilometer. Die Entwässerung dieser Gebiete durch die Mittel- und Oberläufe von Weser und Elbe führt zu charakteristischer Verteilung der Oberwasserabflüsse. Die maximalen Abflüsse für die Weser treten im Zeitraum Januar bis März/April auf und betragen im Mittel ( = MHQ) ca. 1.250$m^3$ pro Sekunde (mittlerer Abfluss MQ = 325$m^3$/s; höchster Abfluss 1881 mit 4.200$m^3$/s). Die Weser gehört zum nivalen Abflusstyp mit einem durch die Schneeschmelze bedingten Frühjahrsmaximum. Für die Elbe treten durchschnittlich die höchsten Abflüsse im Frühjahr mit ca. 3.000 $m^3$/s auf, und minimale Werte werden im Spätsommer mit ca. 150$m^3$/s erreicht (mittlerer Abfluss MQ = 720$m^3$/s). Allerdings können meteorologische Ereignisse, wie die Großwetterlage „Trog Mitteleuropa", mit einer Vb-Zugbahn des Tiefdruckgebiets durch Starkniederschläge extreme Abflüsse verursachen (z.B. im August 2002 mit einem Abfluss von 3403$m^3$/s am Pegel Neu Darchau).

Hinsichtlich des Zusammentreffens von Sturmfluten und hohen Oberwasserabflüssen ist relevant, ob die dafür verantwortlichen meteorologischen Ereignisse gleichzeitig auftreten können. Für die Weser ist ein sturmfluterzeugendes Tiefdruckgebiet über der Nordsee unabhängig von einem starkregenverursachenden Tief im Einzugsgebiet der Ober- und Mittelweser. Das bedeutet, dass die Wahrscheinlichkeit des gemeinsamen Auftretens durch die Multiplikation der Wahrscheinlichkeiten der beiden Einzelereignisse bestimmt ist. Für Hamburg wurde dieser Zusammenhang von Gönnert (2005) untersucht. Die Überprüfung sämtlicher Wetterlagen bei Sturmfluten zeigte, dass die Großwetterlage Trog Mitteleuropa Sturmfluten gebildet hatte, die zudem bis zu 7 Tage vorher auftraten, was deshalb relevant ist, da sehr hohe Abflüsse rund 5 bis 7 Tage von Dresden bis Neu Darchau benötigen. Es lag jedoch in keinem Fall eine Vb-Zugbahn vor, und diese Großwetterlage bildete nur Sturmfluten mit mittelhohen Wasserständen und Windstaumaxima aus. Beiden Ästuaren gemeinsam ist weiterhin, dass selbst sehr hohe Oberwasserabflüsse aufgrund der ausbaubedingten Querschnittserweiterung der Unterläufe von Weser und Elbe auf die maximalen Wasserstände nur einen geringen Einfluss haben.

Die beiden Städte Bremen und Hamburg sind im Bereich der tidebeeinflussten Unterläufe, die eine offene Verbindung zur Nordsee haben, weitgehend von Küstenschutzdeichen geschützt und besitzen damit einen vergleichbar hohen Sicherheitsstandard (z.B. Sollhöhe der Deiche in Bremen NN +7 bis 7,45m). Im Bereich der Häfen und städtischen Siedlungen wird die geschlossene Deichlinie durch eine Vielzahl von weiteren Küstenschutzelementen, wie Kajenmauern, Spundwänden, Siel- und Schleusentoren usw., ergänzt. Die Nebenflüsse der Weser werden zusätzlich im Fall einer Sturmflut durch Sperrwerke abgetrennt, welches mit einer Reduzierung des dort vorhandenen Flutraums einher geht. Die sich an die tidebeeinflussten Bereiche anschließenden Mittelläufe von Weser und Elbe sind durch Hochwasserschutzdeiche geschützt, die hinsichtlich Höhe und Breite deutlich geringer dimensioniert sind als die Küstenschutzdeiche.

Die bei einem Versagen der Küstenschutzelemente betroffenen Flächen beinhalten sowohl in Bremen als auch in Hamburg ein hohes Schadenspotenzial. Es sind dabei sowohl große Industrieflächen wie z.B. Hafenanlagen betroffen, aber auch Siedlungsbereiche in denen viele Menschen wohnen. Ohne Küsten- und Hochwasserschutzeinrichtungen würde in Bremen ca. 85% der stadtbremischen Fläche überflutet. In Hamburg würden ohne Hochwasserschutz ein Drittel der Stadt mit ca. 180.000 Einwohnern und Sachwerte von etwa 10 Milliarden Euro tideabhängig überschwemmt. In beiden Städten wurde nach der Flutkatastrophe 1962 für neue Deiche und Hochwasserschutzeinrichtungen gesorgt, weiterhin wurden Warnsysteme und Deichverteidigung neu organisiert. Seitdem wurden einige schwere Sturmfluten erfolgreich abgewehrt. In Hamburg wurde durch das „Bauprogramm Hochwasserschutz" bis 2007 die mehr als 100km lange Hochwasserschutzlinie auf etwa 8m über Normalnull erhöht, wofür rund 490 Millionen Euro notwendig waren.

## 3.3 Das Untersuchungsdesign

Durch die vergleichbare „objektive" Risikolage und die divergierende behördliche Hochwasser-Kommunikation bietet die Vergleichsstudie zwischen Bremen und Hamburg ein interessantes „Realexperiment". Unsere Analyse gliedert sich in zwei Teile: Der *erste* empirische Teil nimmt die Seite der institutionellen Kommunikation und der Medienkommunikation zu Klimawandel und Hochwasser unter die Lupe, um einen Überblick zu bekommen über die (lokale) Informationsumwelt in der die Bürgerinnen und Bürger leben (Kapitel IV). Hier werden die Ergebnisse der Analysen der behördlichen Kommunikationsaktivitäten sowie der Printmedienberichterstattung dargestellt. Im *zweiten* empirischen Teil wird die Sichtweise der Bevölkerung untersucht (Kapitel V). Hierbei wurden zwei Methoden eingesetzt: Eine repräsentative Umfrage und der ergänzende Einsatz von Fokusgruppen in unserem ursprünglichen Hauptuntersuchungsort Bremen.

*3.3.1 Die Analyse der institutionellen Kommunikation zu Hochwasser und Klimawandel*

Als Indikator für die institutionelle Kommunikation wurden behördliche Informationsbroschüren aus Bremen und Hamburg analysiert. Dafür wurden die relevanten und vorliegenden Informationsmaterialien recherchiert und entlang von fünf zentralen Kategorien qualitativ ausgewertet. Die Leitkategorien sind:

I. Die Darstellung des Risikos
II. Die Thematisierung von Schutzmaßnahmen
III. Die Informationskanäle im Katastrophenfall
IV. Die Behandlung der Thematik *Klimawandel*
V. Die Grundstimmung

Für die quantitative Medienanalyse wurde aus einem Gesamtkorpus der lokalen und überregionalen Zeitungen und Zeitschriften eine bewusste Auswahl getroffen. Es wurden sowohl Zeitungen und Zeitschriften berücksichtigt, die einen lokalen redaktionellen Teil in Bremen oder Hamburg veröffentlichen, als auch überregionale Medien. Als Untersuchungszeitraum wurden die fünf Jahre 2001 bis 2005 ausgewählt. Aus diesen Jahren wurde per Zufallsauswahl jeweils ein Erscheinungstag pro Woche bestimmt, an dem alle erschienenen Artikel mit Bezug zum Thema Hochwasser im weiteren Sinne in die Untersuchung einbezogen wurden. Insgesamt blieben 260 zufällig ausgewählte Wochentage aus fünf Jahren für die Untersuchung übrig. Diese Stichprobenziehung erfolgte allein aus praktischen Gründen, um die Zahl der zu untersuchenden Artikel handhabbar zu halten. Daraus ergeben sich letztlich 918 Artikel, die mit Hilfe der quantitativen Textanalysesoftware MAXdictio auf der Basis der Software MAXqda kodiert und analysiert wurden. Die Codierung erfolgte entlang folgender Kategorien[7]:

a) Thematischer Gegenstand des Artikels
b) Hauptthema des Artikels
c) Nebenthema des Artikels
d) Ort der Referenz des Artikels
e) Existenz und Unsicherheitsdimension zukünftiger Schadensereignisse
f) Risiko des thematischen Gegensatndes
g) Potenzielle Folgen/Auswirkungen
h) Nähere Beschreibung des Risikos
    hi)    Ursache
    hii)    Bewältigung
    hiii)    Risiko-Akzeptanz
    hiv)    Verantwortungszuschreibung für Risiko
    hv)    Direkter Bezugspunkt des Risikos
i) Nähere Beschreibung des Schadens (Nur bei eingetretenem Schaden:)
    hi)    Folgen/Auswirkungen des Schadens
    hii)    Beschreibung
    hiii)    Ursache
    hiv)    Bewältigung
    hv)    Verantwortungszuschreibung für Schaden
    hvi)    Direkter Bezugspunkt des Schadens
k) Grundstimmung

Ergänzt wurde die quantitative Analyse durch eine vertiefende exemplarische qualitative Detailanalyse einiger typischer Artikel im Hinblick auf für unseren Zusammenhang besonders relevante Kategorien. Diese Analysekategorien lauten wie folgt:

---

[7] Aufgeführt sind hier lediglich die Überkategorien des Codesystems. Viele der Kategorien unterteilen sich in weitere Unterkategorien. Dieses Schema ist deduktiv entstanden und orientiert sich an der im theoretischen Rahmen aufgezeigten Analyserichtung. Die Zahl der Unterkategorien ist im Laufe des Analyseprozesses angewachsen, bewegt sich also zwischen Deskription und Induktion.

Dimension 1: Hochwasserschutz: Bewältigung und Vorsorge
Dimension 2: Das Phänomen Klimawandel
Dimension 3: Schadensfall und Katastrophenfall
Dimension 4: Das potenzielle Risiko eines Hochwasserereignisses

Die Selektion der Artikel für die qualitative Analyse erfolgte durch das Verfahren der *theoretischen Auswahl*, die im Gegensatz zur *Zufallsauswahl* dann eingesetzt wird, wenn strukturelle Zusammenhänge verdeutlicht werden sollen und keine Häufigkeitsaussagen zu treffen sind. Die Auswahl beinhaltet lokale und regionale Artikel aus Hamburg und Bremen sowie überregionale Artikel.

*3.3.2 Die Analyse der Repräsentationen von Hochwasser und Klimawandel*

In der repräsentativen Befragung wurden Personen, die in Bremen und Hamburg in einem potenziell von einem Hochwasserereignis betroffenen Wohngebieten leben, telefonisch gebeten, an einem Telefoninterview teilzunehmen. Mit den Teilnehmenden wurde ein hauptsächlich aus Einstellungsfragen bestehender Fragebogen durchgegangen, dessen Beantwortungen die primäre Datenquelle der vorliegenden Ausführungen bilden.[8]

Stichprobe und Grundgesamtheit

In den beiden Vergleichsstandorten, Bremen und Hamburg, wurden jeweils 400 Einwohner befragt. Die Grundgesamtheit besteht aber nicht aus allen Bürgerinnen und Bürgern des Stadtgebiets, sondern lediglich aus denjenigen, die in einem potenziellen Hochwassergebiet an der Elbe oder an der Weser wohnen. Somit fallen die Einwohner, deren Häuser auf höher gelegenen Arealen errichtet sind, aus der Grundgesamtheit heraus. Es wurden also nur jene berücksichtigt, die in Siedlungsräumen wohnen, die ein Hochwasserereignis HQ100 in etwa erreichen kann. Deshalb wurde auf der Grundlage von Höhenberechnungen für die Stadtgebiete je eine Liste von Straßen zusammengestellt, die in einem solchen Gebiet liegen. In einem weiteren Schritt wurden dann aus einem digitalen öffentlichen Verzeichnis der registrierten Telefonnummern diejenigen extrahiert, die auf den ausgesuchten Straßen zu verorten waren. Eine andere Einschränkung der Grundgesamtheit ergibt sich leider zwangsläufig durch die

---

[8] Das eingesetzte Fragebogen-Instrument befindet sich am Ende im Anhang dieses Buches.

Kenntnis der deutschen Sprache auf Konversationsniveau. Personen, die dieses Kriterium nicht erfüllen, konnten aus gegebenen Gründen nicht an der Untersuchung teilnehmen. Ferner sollten lediglich Personen befragt werden, die zum Zeitpunkt der Befragung das 18. Lebensjahr vollendet hatten.

## Durchführung

Die gesamte Datenerhebung wurde durch das Institut „TNS Emnid Medien- und Sozialforschung" in Bielefeld realisiert. Die Befragung erfolgte telefonisch im institutseigenen Telefonstudio. Im Vorfeld der Hauptuntersuchung wurde ein Pretest durchgeführt. In diesem Rahmen wurden 40 Probeinterviews durchgeführt. Daraufhin wurden noch einmal einige Änderungen am Instrument vorgenommen. Vor allem musste im Umfang gekürzt werden, da die Interviewdauer im Mittel zunächst 43 Minuten betrug. Ferner wurden leichte Anpassungen einzelner Items vorgenommen, die durch Reliabilitätsprüfungen augenfällig geworden waren. Im Mittel dauerte ein Interview etwa 37 Minuten, wobei die Interviewlänge stark variierte und mit dem Alter korreliert. Mit zunehmendem Alter der Befragten steigt die Dauer der Interviews an. Die mittleren 80% aller Gespräche dauerten zwischen 29 und 48 Minuten. Um die Ausschöpfungsquote zu erhöhen, wurden die ausgewählten Telefonnummern mehrfach angerufen, sofern niemand den Anruf entgegennahm. Im Falle zeitlicher Engpässe bei den Gesprächspartnern wurde angeboten, einen Termin für ein Interview zu vereinbaren.

Die Liste der zufällig ausgewählten Telefonnummern wurde zufallsgesteuert durchgegangen bis die Stichprobenvorgabe von 400 Befragten erfüllt war. Der Befragungszeitraum war Oktober und November 2005. Dieser Zeitraum kann aus Sicht der Befragung als günstig eingeschätzt werden, da während der Durchführung oder kurz davor keine größeren themenbindenden Weltereignisse stattfanden, die störend Einfluss nehmen konnten. Insbesondere gilt dies für Hochwasser- oder Überflutungsereignisse auf lokaler oder internationaler Ebene. Lediglich die Bundestagswahl 2005 spielte eine Rolle, allerdings nur eine untergeordnete, da das Thema Hochwasser nicht wie noch 2002 eine tragende Rolle im Wahlkampf einnahm.

Die Fokusgruppen

Das zweite Instrument, das zum Einsatz kam, um die Einstellungen der Bevölkerung zu eruieren, war die Fokusgruppe. In der Sozialforschung stellen Fokusgruppen ein immer wichtiger werdendes Erkenntnisinstrument dar – ursprünglich fanden sie vorwiegend in der Marktforschung Anwendung. Ziel ist es, bestimmte Bevölkerungsgruppen zu gewünschten Themen eingehender befragen zu können. Dabei geht man davon aus, dass durch die Gruppensituation Meinungen und Ansichten geäußert werden, die im Gespräch unter vier Augen womöglich zurückbehalten wurden. Es besteht die Chance, ambivalente Themen zur Diskussion zu stellen. Wir verstehen das Instrument in Anlehnung an Lamnek als offene, flexible, alltagsweltlich orientierte und kommunikative Methode qualitativer Sozialforschung (Lamnek 1998: 73). Die Gespräche wurden aufgezeichnet, transkribiert und schließlich ausgewertet. Die Auswertung verlief meist deskriptiv. Ziel war demnach weniger die Exploration des Themenfelds (Lamnek 1998: 68) sondern vielmehr die Plausibilisierung, Illustration und Verdeutlichung eines Themas, sowie trockene statistische Ergebnisse aus der Repräsentativbefragung mit „Leben" zu füllen. Die Analyserichtung bei den durchgeführten Fokusgruppen ging in Richtung des inhaltlich thematischen Schwerpunkts statt der gruppendynamischen Betrachtung (Lamnek 1998: 163). Meinungen und Wissen von Personengruppen sollten erfragt werden.

Unsere Fokusgruppen haben wir ausschließlich in Bremen durchgeführt, um entsprechend dem Forschungsantrag die Situation in Bremen genauer beleuchten zu können. Es wurden insgesamt vier Fokusgruppen durchgeführt: mit Schülern zwischen 15 und 18 Jahren aus Bremen, mit Landwirten aus Bremen, mit Senioren über 70 Jahren und mit Eigenheimbesitzern des Stadtteils Borgfeld. Der Durchführungszeitraum lag im Mai und Juni 2006. Die gewählten Orte zur Durchführung sollten zentral gelegen sein, einen abgeschlossenen und ansprechenden Raum bieten und eine gewisse Neutralität ausstrahlen. Die Fokusgruppen fanden im Tagungsraum der Deutschen Jugendherberge, Bremen (Schüler, Senioren), dem Ortsamt Borgfeld (Eigenheimbesitzern) sowie im Gruppenraum eines Restaurants im Ortsteil Borgfeld (Landwirte) statt. Die Auswahl der Personen sollte nicht dem Leitbild der Repräsentativität folgen, sondern vielmehr dem Ideal der theoretischen Auswahl. Demnach werden gezielt Personen ausgesucht, die Eigenschaften besitzen, über die man etwas wissen möchte. Dabei verzichtet man auf die Übertragbarkeit auf die Gesamtbevölkerung, wie sie in Repräsentativstudien erwünscht ist und generiert neues Wissen über bestimmte Subgruppen der Bevölkerung. Diese Subgruppen waren aus unserer Sicht jene eben erwähnten, die als besonders relevant für die Hochwasserproblematik gelten.

Die Teilnehmer wurden per Zeitungsanzeige gesucht und durch gezielte Akquise ergänzt. Um den Anreiz zur Teilnahme zu erhöhen, wurde den Teilnehmenden eine pauschale Erstattung der Unkosten zur An- und Abreise ausbezahlt und am Ende unter allen ein kleiner Gewinn verlost. Die Gespräche dauerten zwischen 90 und 120 Minuten. Die Diskussionen waren intensiv und spiegelten reges Interesse. Die Fokusgruppen hatten drei inhaltliche Schwerpunkte:

1. Beurteilung der eigenen Einstellungen und Standpunkte zur aktuellen Lage des Hochwasserschutzes in Bremen.
2. Einschätzung von Kommunikationsmöglichkeiten der Stadt Bremen mit der Bevölkerung. Als Input wurden vier Kommunikationswege angeboten: Faltblatt mit Informationen und Notfallkarte; Interaktive Internetpräsentation; Einladung zur einem Verfahren der Bürgerbeteiligung; Zeitungsartikel mit Informationscharakter.
3. Beurteilung der zukünftigen Hochwasser- und Klimasituation bzw. der Einschätzung der Betroffenheit der Stadt und ihrer Einwohner. Ferner die Übertragung auf die individuelle Situation und die im Ernstfall zu ergreifenden Schutzreaktionen.

Die Diskussionen wurden aufgezeichnet und inhaltsanalytisch ausgewertet. Im Folgenden stellen wir die Ergebnisse vor, die wir mit dem beschriebenen Multi-Methoden-Ansatz gewonnen haben.

# 4. Informationsumwelten der Bürgerinnen und Bürger

## 4.1 Institutionelle Kommunikation über Hochwasser und Klimawandel

In diesem Kapitel werden die von Behörden in Hamburg und Bremen veröffentlichten Dokumente zum Thema Hochwasser vorgestellt. Dabei erfolgt zunächst eine beschreibende Übersicht über die Wurfsendungen, Broschüren und Informationsblätter, um daran anknüpfend die Kommunikationsaktivitäten der Städte Bremen und Hamburg zu betrachten und miteinander zu vergleichen.

Die *Behörden der Stadt Hamburg* veröffentlichten mehrere verschiedene Informationsbroschüren für die Bevölkerung, die jeweils auf 15 bis 25 Seiten bestimmte Aspekte der Hochwasserthematik abdecken. Im Wesentlichen sind dies drei Bereiche: Erstens die Beschreibung baulicher Schutzmaßnahmen gegen mögliche Schadensereignisse, zweitens die Darstellung allgemeiner städtischer Aktivitäten im Bereich Hochwasserschutz und drittens die Darlegung ökologischer Aspekte im Hochwasserschutz. Die Broschüre zum Bauprogramm Hochwasserschutz[9] ist im Jahr 2006 erschienen und in einer Auflage von 1.500 Stück gedruckt worden, das Informationsheft zum ökologischen Küstenschutz in Hamburg stammt aus dem Jahr 1993 und hatte eine Auflagenstärke von ca. 4.000 Stück. Eine Broschüre aus dem Jahr 2004 wurde speziell für Kinder erstellt und behandelt verschiedene Aspekte des Hochwasserschutzes in Hamburg, die kindgerecht aufgearbeitet wurden. Die Broschüren liegen in einer Vielzahl von Ämtern aus und können teilweise auch im Internet heruntergeladen werden.

Darüber hinaus liegt in den Bezirksämtern eine ausführliche Broschüre der Stadt Hamburg aus dem Jahr 1996 zum Sturmflutschutz vor, in der konkrete präventive Maßnahmen im Vorfeld einer Katastrophe und Abläufe im Katastrophenfall beschrieben werden. Als Information für den Ernstfall gibt es Sturmflut-Merkblätter für die Bevölkerung in potenziellen Überflutungsgebieten. In acht Regionalausgaben des Merkblatts wird lokalspezifisch über das richtige Verhalten im Fall einer Sturmflut informiert. Die Merkblätter sind in den Be-

---

[9] Behörde für Stadtentwicklung und Umwelt: Hochwasserschutz in Hamburg. Bauprogramm Hochwasserschutz.

zirksämtern erhältlich und werden zusätzlich jährlich an über 109.000 Haushalte verteilt. Eine weitere Broschüre der Behörde für Inneres mit einer Auflage von 15.000 Stück aus dem Jahr 2005 behandelt überblicksartig den Katastrophenschutz in Hamburg und weist im Kontext der Hochwassergefahr auf die eben beschriebenen Sturmflut-Merkblätter hin.

Über aktuelle bauliche Schutzmaßnahmen zum vorbeugenden Hochwasserschutz informieren auf drei bis vier Seiten mehrere Informationsblätter der Stadt. In ihnen werden die jeweiligen Baumaßnahmen und die einzelnen Bauabschnitte beschrieben. Die Auflagenstärke liegt wegen des starken Bezugs zu eher kleinteiligen Vorhaben bei unter 1.000 Stück.

Von der Behörde für Stadtentwicklung und Umwelt ist ein Merkblatt für Flutschutzbeauftragte im Bereich der HafenCity erstellt worden und an diejenigen Bürgerinnen und Bürger verteilt worden, die für einen bestimmten Deichabschnitt verantwortlich sind. Hier werden formal-organisatorische Abläufe beschrieben, die nur für jene für den Deich Verantwortlichen von größerem Informationswert sind. Dieses Merkblatt hatte eine Auflage von etwa 1.000 Stück.

In den Informationen zum Flutschutz im Bereich der HafenCity Hamburg werden die baulichen Vorkehrungen zum Hochwasserschutz in der HafenCity Hamburg beschrieben. Das Informationsblatt ist im Internet verfügbar.

Die Behörde für Stadtentwicklung und Umwelt gibt auf einer Internetseite[10] zusätzliche Informationen zum Hochwasserschutz in Hamburg. Auf dieser Seite finden sich Links zu den entsprechenden Merkblättern und Broschüren sowie zu relevanten Institutionen in Schleswig-Holstein und Niedersachsen. Zu den Themengebieten „Schutzanlagen", „Gestern und Heute", „Daten und Fakten", „Baustellen 2006" und „Grafiken" werden vertiefende Informationen gegeben.

Die von den *Bremer Behörden* herausgegebenen beiden Broschüren behandeln den Hochwasserschutz im Land Bremen sowie den Sturmflutschutz durch Sperrwerke in den Jahren 1979 bis 1999. Eine 22 Seiten umfassende Informationsbroschüre zum Hochwasserschutz stammt aus dem Jahr 2003 und hatte eine Auflagenstärke von 5.000 Stück. Die Broschüre zum Sturmflutschutz durch Sperrwerke ist im Jahr 1999 erschienen. Es liegen für Bremen insgesamt weniger Kommunikationsaktivitäten vor, zudem fehlen Informationsbroschüren, die einen Katastrophenfall thematisieren.

Im Folgenden analysieren wir vergleichend, wie die für unseren Kontext relevanten Dimensionen in den behördlichen Informationsmaterialien in Hamburg und Bremen thematisiert werden.

---

10 http://www.hamburg.de

## 4.1.1 Darstellung des Risikos

Eine Broschüre aus *Hamburg* dokumentiert sachlich die Vorgehensweise des Hochwasserschutzes: Die bestehenden Hamburger Deiche und Hochwasserschutzwände wurden auf ihre langfristige Schutzwirkung hin untersucht. Um zu prüfen, ob die Schutzanlagen auch in Zukunft Hochwasser verhindern können, wurde eine so genannte Bemessungssturmflut berechnet, welche die langfristigen Veränderungen der Wasserstände berücksichtigt. Dazu wurden die Sturmfluten seit 1750 wissenschaftlich ausgewertet, der heutige Ausbaustand beachtet und großräumig klimatische Entwicklungen abgeschätzt. Die aktuellen und die langfristig erforderlichen Höhen der Anlagen wurden miteinander abgeglichen und entsprechende Baumaßnahmen eingeleitet. Auf diese Untersuchungen wird aktuell in der Broschüre „Bauprogramm Hochwasserschutz", in den Sturmflut-Merkblättern, in der Broschüre zum Küstenschutz in Hamburg, in der Kinderbroschüre und in den Informationsblättern zu den baulichen Maßnahmen zum Hochwasserschutz Bezug genommen. In den meisten Broschüren und in den Merkblättern wird darauf hingewiesen, dass das Risiko durch die baulichen Schutzmaßnahmen deutlich reduziert wurde, eine hundertprozentige Sicherheit jedoch nicht gewährleistet werden kann.

Oftmals wird das Risiko verallgemeinert und undifferenziert dargestellt. Es wird festgestellt, dass Sturmfluten heutzutage „schneller, höher und häufiger"[11] auftreten, als Ursachen werden Veränderungen im Wettergeschehen, in der Morphologie der Tideelbe (Vordeichungen an der Unterelbe, Vertiefungen der Fahrrinne) genannt. Die Beschreibung des Risikos wird auch anhand geschichtlicher Rückblicke, insbesondere mit dem Hinweis auf die große Sturmflut 1962, vorgenommen.

Anders die Broschüre und die Merkblätter zum Sturmflutschutz[12], diese stellen das Risiko eines Hochwassers hinter den Deichen konkret dar und machen deutlich, dass es bei extremen Sturmfluten zu Überströmungen und Wassereinbrüchen kommen kann. In den Merkblättern wird jeweils für die verschiedenen Hamburger Stadtteile beschrieben, wie hoch die Gefährdung ist und mit welchen Ausprägungen bzw. Auswirkungen von Überschwemmungen gerechnet werden muss. Das Kartenmaterial in den Merkblättern dient zur Veranschaulichung. Alle Einwohner haben dadurch die Möglichkeit, recht genau zu

---

[11] Freie und Hansestadt Hamburg: Neubau der Hochwasserschutzwand Haulander Hauptdeich am Reiherstieg im Stadtteil Wilhelmsburg, o.S.
[12] vgl. Freie und Hansestadt Hamburg: Sturmflutschutz hinter den Deichen und im Hafen ab 1996 & Freie und Hansestadt Hamburg: Sturmflut. Hinweise für die Bevölkerung in der Elbniederung. Merkblatt.

bestimmen, in welchem Gefährdungsgebiet ihr Wohnhaus gelegen ist. Auch für Betriebe wird auf das spezifische Risiko hingewiesen. Es wird darauf aufmerksam gemacht, dass Sturmfluten sich möglicherweise sehr schnell entwickeln können und daher ausreichende Vorsorgemaßnahmen getroffen werden sollten. Mit Risiken wird offensiv umgegangen, es wird nichts verharmlost oder heruntergespielt – im Gegenteil.

Selbst in der Hamburger Kinderbroschüre „Elvis und Bär unterwegs – Hochwasserschutz in Hamburg" lassen sich derartige Tendenzen finden. Es wird der Grund der Hochwasserschutz-Maßnahmen in Hamburg beschrieben, indem darauf hingewiesen wird, dass Sturmfluten im Extremfall ein Drittel der Stadt unter Wasser setzen könnten, die Stadt ohne Hochwasserschutzanlagen zwei Mal am Tag überflutet wäre. Die Hinweise auf die Flut im Jahr 1962 unterstreichen die Bedrohung. Damit wird das Risiko konkret beschrieben, durch die anschließend vorgestellten Schutzmaßnahmen aber wieder deutlich relativiert. Es liegen daher in Hamburg keine Beschwerden von besorgten Eltern gegen die Broschüre vor.

Das Risiko eines Hochwassers in *Bremen* wird in der Broschüre zum Hochwasserschutz im Land Bremen mit der zweifachen Bedrohung durch erhöhtes Binnenhochwasser und durch Sturmfluten von der Nordsee begründet. Die Bereiche, die durch Hochwasser gefährdet sein könnten, werden grob eingegrenzt und benannt. Ein weiteres Risiko besteht darin, dass weite Teile des Stadtgebiets von Bremen unter dem Niveau des mittleren Tidehochwassers liegen. Auch auf die Gefährdung durch die Flüsse Lesum und Ochtum wird aufmerksam gemacht. Die Hochwasserentstehung wird in einem Abschnitt näher erläutert, wobei darauf hingewiesen wird, dass die Bremen betreffende Sturmfluthäufigkeit tendenziell zunimmt. Das Risiko wird somit direkt benannt, wenn auch der Katastrophenfall nicht näher umschrieben wird. Das Wümme-Hochwasser im Sommer 2002 wird als „seltenes, extremes Ereignis" bezeichnet, das vor allem Ernteschäden verursacht hat. Durch die Schilderung des Hochwassers wird das ursprünglich abstrakte Risiko konkretisiert. Auf der letzten Seite der Broschüre „Hochwasserschutz im Land Bremen" werden die höchsten Sturmfluttiden und Katastrophenfluten der Nordsee seit 1100 chronologisch aufgelistet und kursorisch beschrieben, die Stadt Bremen wird darin allerdings namentlich nicht genannt.

In der Broschüre „20 Jahre Sturmflutschutz durch Sperrwerke" wird die Bedeutung der Sperrwerke als Grundlage für „eine nicht mehr unmittelbar durch Sturmfluten gefährdete Entwicklung" des Wirtschafts- und Lebensraums um die Unterweser erläutert. Das grundsätzliche Risiko einer Überflutung wird nicht in Frage gestellt, sondern explizit betont. Ziel der Broschüre ist es, das Bewusstsein der Bevölkerung für die Notwendigkeit eines ständigen Hochwasserschutzes durch die Unterhaltung und den Betrieb der Anlagen zu schärfen. Ein geschichtlicher Rückblick auf verschiedene Hochwasserereignisse erläutert die Wichtigkeit der vorhandenen Sperrwerke und lässt das Risiko deutlicher werden.

### 4.1.2 Darstellung der individuellen und öffentlichen Schutzaktivitäten

In den Broschüren werden als Reaktion auf das erhöhte Risiko eines Hochwassers verschiedene Maßnahmen beschrieben und vorgeschlagen. Dabei wird unterschieden zwischen baulichen Maßnahmen und den angeratenen Verhaltensweisen für die Bevölkerung.

Der Hochwasserschutz wird in den *Broschüren in Hamburg* vor allem durch die baulichen Maßnahmen begründet. Darüber hinaus thematisieren einige Informationsbroschüren auch den Katastrophenfall selbst. In ihnen wird der Bevölkerung Selbsthilfe angeraten. Dabei steht die eigenständige Information durch die Sturmflut-Merkblätter im Vordergrund. Das Merkblatt sollen die Bürgerinnen und Bürger in der Nähe des Telefons aufbewahren, um im Notfall wichtige Informationen zur Hand zu haben. Auch die Inanspruchnahme telefonischer Informationsdienste der Bezirksämter, des Bundesamts für Seeschifffahrt und Hydrografie und die automatischen Wasserstandsansagen etc. wird empfohlen. Darüber hinaus soll jeder Einwohner seinen eigenen Gefährdungsgrad durch die Höhenlage seines Hauses prüfen. Durch das Radio soll die Bevölkerung auf Warnungen aufmerksam werden und diese befolgen. Bürgerschaftliche Vernetzung wird insofern vorgeschlagen, als dass alle ihre Nachbarn, insbesondere Neubürger, nicht deutschsprachige Mitbürger, Kranke und Gebrechliche, informieren sollen.

Als Vorsorgemaßnahmen werden in den Merkblättern verschiedene Maßnahmen für Privathaushalte angeraten wie z.B. hochwertige Gegenstände nicht in gefährdeten Räumen zu lagern, elektrische und technische Anlagen gegen Hochwasser zu sichern, keine Chemikalien zu lagern, Öltanks zu befestigen und zu sichern. Für Betriebe wird in der Broschüre zum Sturmflutschutz gesondert auf Vorsorgemaßnahmen hingewiesen. Diese können für Unternehmen z.B. in der Verteilung von Zuständigkeiten im Katastrophenfall, in der Bereitstellung von Sandsäcken, Pumpen etc. oder der Freihaltung von Fluchtwegen bestehen.

Auch für den Fall einer Katastrophe werden Hinweise zum richtigen Verhalten gegeben. Es wird auf Sirenensignale und Lautsprecherdurchsagen aufmerksam gemacht, um Nachbarschaftshilfe gebeten und das Aufsuchen höher gelegener Räume angeraten. In der Broschüre werden zusätzlich auch Informationen zur Durchführung einer Evakuierung und den Evakuierungsgebieten gegeben. Für Fragen der Nachsorge von eingetretenen Hochwasserereignissen wird auf die zuständigen Bezirksämter und weitere Anlaufstellen hingewiesen – direkte Nachsorgehinweise für die betroffene Bevölkerung finden sich nicht.

In den übrigen Informationsbroschüren und -blättern der Stadt Hamburg werden keine konkreten Handlungsvorschläge gemacht. Als Akteur im Bereich Hochwasserschutz werden die Hamburger Behörden sowohl bei Präventionsmaßnahmen als auch im Katastrophenfall besonders hervorgehoben.

In den *Bremer Broschüren* wird der Eintritt eines Katastrophenfalls nicht konkret thematisiert. Vorsorgende Aktivitäten oder Maßnahmen während und nach einer Hochwasserkatastrophe werden für die Bevölkerung nicht vorgeschlagen. Es wird jedoch darauf hingewiesen, dass in Bremen die Sturmflutvorhersage zwölf Stunden vor dem Hochwassereintrittszeitpunkt geschieht. In der Broschüre „Hochwasserschutz im Land Bremen" werden lediglich die baulichen Hochwasserschutzmaßnahmen beschrieben, die auf Grundlage verschiedener wissenschaftlicher Untersuchungen gebaut wurden. Darüber hinaus wird über weitere Planungen und Untersuchungen kurz berichtet.

*4.1.3 Empfohlene Informationskanäle*

In *Hamburg* wird im Katastrophenfall durch Böllerschüsse, Rundfunkdurchsagen, Sirenensignale und durch örtliche Lautsprecherdurchsagen gewarnt. Zusätzlich können sich die Bürgerinnen und Bürger bei verschiedenen Institutionen telefonisch beraten lassen oder Hilfe in Anspruch nehmen. Auf diese Mediennutzung wird in den Merkblättern und in der Broschüre zum Katastrophenschutz hingewiesen. Als Vorsorgemaßnahme wird die Information in den Bezirksämtern sowie die Nutzung der Internetseite zum Thema Sturmflut empfohlen.

In Bremen werden keine direkten Empfehlungen zur Nutzung von Medien zur Information über Vorsorgemaßnahmen oder Verhaltensweisen im Katastrophenfall oder zur Prävention gegeben. Es wird jedoch darauf hingewiesen, dass über Radio, Internet und telefonischem Ansagedienst kontinuierliche Informationen über die Tideverhältnisse gegeben werden. Es bleibt jedoch bei dem allgemeinen Verweis, entsprechende weiter führende Telefonnummern, Internetadressen oder andere konkrete Hinweise werden nicht gegeben.

## 4.1.4 Der Klimawandel

Ein für uns zentraler Aspekt der Dokumenten-Analyse ist die Kommunikation des Themas *Klimawandel* in Zusammenhang mit Hochwasserereignissen. Als eine Ursache für zukünftig höhere Pegelstände führen mehrere Broschüren in *Hamburg* unter anderem klimatische Veränderungen an. In den Informationen zum Bauprogramm Hochwasserschutz wird von „geografisch-klimatischen Entwicklungen" gesprochen und als Folge dessen ein Meeresspiegelanstieg erwähnt. Eine ausführliche Erklärung sowie eine Einschätzung, in welchem Maß ein Meeresspiegelanstieg erfolgen könnte und welche Folgen dieser für die eigene Stadt besitzt, bleiben aus. Inwiefern der Klimawandel anthropogen erzeugt ist oder andere Ursachen eine Erwärmung bewirken könnten, bleibt ebenso unerwähnt – die Verursachung des Klimawandels wird nicht behandelt. In einer anderen Broschüre wird lediglich erwähnt, dass wissenschaftliche Erkenntnisse über Klimaveränderungen eine bessere Analyse von Sturmfluten ermöglichen und Berechnungen zu nötigen baulichen Veränderungen damit präziser werden. De facto wird der Klimawandel damit lediglich zur Legitimierung von mehr Forschungsaktivitäten herangezogen, die Tatsache, dass dieser zugleich auch Schadens- und Risikoquelle ist und möglichst gar nicht auftreten sollte, bleibt unerwähnt.

In der Broschüre zum Küstenschutz in Hamburg wird der Klimawandel nicht direkt als Ursache für häufigere Hochwasserstände genannt. Es wird allgemein von Veränderungen im Wettergeschehen gesprochen. Ursachen dieser Veränderungen werden nicht benannt.

In der Kinderbroschüre wird auf einen möglichen Treibhauseffekt hingewiesen. Ein möglicher Anstieg des Meeresspiegels wird erwähnt. Als Sicherheitsmaßnahme wird das Bauprogramm Hochwasserschutz angeführt. Die baulichen Maßnahmen werden als ausreichender Schutz dargestellt, weshalb nicht von einer konkreten Bedrohung gesprochen wird.

In der Broschüre zum Hochwasserschutz im Bundesland *Bremen* wird schon im Vorwort das Risiko durch die Klimaveränderungen direkt benannt und als Begründung für die dauerhafte Vorsorge gegen Hochwasser angegeben. In einem eigenen Abschnitt dieser Broschüre wird über den Meeresspiegelanstieg gesprochen. Der zu erwartende Klimawandel wird als Folge der zunehmenden, anthropogen erzeugten Spurengaskonzentrationen dargestellt. In der Broschüre wird darauf hingewiesen, dass derzeit keine verlässlichen, wissenschaftlich abgesicherten Prognosen existierten und deshalb die Folgenabschätzung einer Temperaturerhöhung auf die Hochwassergefahr nicht präzise erfolgen könne. Für 2003 wurde in Zusammenarbeit mit dem Land Niedersachen aufgrund der

Klimaänderungen ein Gutachten zur Überprüfung der Deichhöhen an der Unterweser beauftragt.

### 4.1.5 Die Grundstimmung

In den *Hamburger Broschüren*, die den Katastrophenfall direkt behandeln, ist der Sprachstil sachlich, teilweise auch warnend. In den Baubroschüren ist er sachlich und nüchtern.

Die *Broschüren in Bremen* behandeln das Thema Hochwasser sachlich und nüchtern. Das Risiko wird zwar dargestellt, dennoch wird nur von Gefährdungen gesprochen ohne potenzielle Katastrophensituationen zu beschreiben. Dadurch ist der Tenor nicht warnend oder alarmierend.

### 4.1.6 Gesamt-Einschätzung der Kommunikationsaktivitäten

Die Kommunikation der Behörden in Hamburg über das Thema Hochwasser erfolgt über Broschüren, Merkblätter und das Internet. Dabei werden viele Themenaspekte abgedeckt. Für eine bessere Bewältigung eines potenziellen Katastrophenfalls werden spezielle Hinweise für die Bevölkerung beschrieben. Dadurch bekommen die Bürgerinnen und Bürger die Möglichkeit, das Risiko einer Hochwasserkatastrophe einzuschätzen und gegebenenfalls vorbeugende Maßnahmen zu ergreifen. Die angegebenen Telefonnummern und Adressen erleichtern den selbstständigen Informationszugang. Zusätzlich können auf der Internetseite aktuelle Hintergrundinformationen abgerufen werden.

In den Bremer Broschüren wird das Risiko einer Hochwasserkatastrophe zwar gut beschrieben, es erfolgen aber leider keine Hinweise zu konkreten Maßnahmen. Der Katastrophenfall wird nicht thematisiert, wodurch die Einwohner nicht ausreichend auf Ausnahmesituationen vorbereitet werden. Es fehlen konkrete Verhaltensvorschläge, die Schaden verhindern oder die Bewältigung einer Katastrophe erleichtern könnten. Die Kommunikation über bauliche Maßnahmen ist durch eine Broschüre abgedeckt, dennoch fehlt eine Information über aktuelle Maßnahmen. Eine Internetplattform, auf der aktuelle Hinweise und Informationen gegeben werden, existiert ebenfalls zum Zeitpunkt der Erhebung nicht.

Mit Blick auf das Leitbild des *risiko- und katastrophenmündigen Bürgers* erscheint das Informationsblatt der Bürgerämter am ehesten geeignet, einen Beitrag zu leisten. Es ist offensiv und informativ, erfordert aber auch ein gewisses Maß an kognitiver Kompetenz, wie die Fähigkeit, eine im Maßstab abbildende Karte lesen zu können und Fixpunkte zu verorten. Die Hohe Auflage und der praktische Nutzen dieses Blattes deuten auf eine Praktikabilität und Nutzung hin, letztgültige Befunde darüber fehlen aber bislang leider.

Insgesamt bleiben in Bremen konkrete Unglücksszenarien unerwähnt, Gefährdungslagen werden abstrakt präsentiert, ein Bezug muss von den Lesenden meist selbst hergestellt werden. Dies gilt auch für potenzielle Konsequenzen. Eine klare Kommunikation von Risiken und Handlungsmöglichkeiten ist nur ansatzweise vorhanden.

Hamburg und Bremen weisen der Dokumentenanalyse zufolge deutlich unterschiedliche Ansätze der Katastrophen- und Risikokommunikation auf. In Hamburg findet mehr und differenziertere Kommunikation statt. Eine systematische Nachhaltigkeitskommunikation oder eine integrative Adaptionskommunikation lässt sich aber in beiden Städten kaum finden.

## 4.2 Die Analyse der Medienberichterstattung

In diesem Abschnitt werden zentrale Ergebnisse der Inhaltsanalyse der Medienberichterstattung präsentiert. Unterteilt sind die Ergebnisse jeweils in die Berichterstattung der beiden Städte Bremen und Hamburg. Eingang in die Zählung fanden also ausschließlich Redaktionen mit explizitem Lokalbezug, d.h. entweder Printmedien, die ihr Erscheinungsgebiet vorwiegend in einer der beiden Städte haben, oder aber Inhalte lokaler Redaktionen überregionaler Zeitungen.

Insgesamt wurden im Erhebungszeitraum in den lokalen Medien der Stadt Bremen 108 und in Hamburg 161 Zeitungsartikel mit Hochwasserbezug im weiteren Sinne gefunden. Auf diesem Korpus von Texten beruhen die nachfolgenden Häufigkeitsangaben. Anzumerken ist, dass dieser Häufigkeitsunterschied nicht unbedingt bedeutsam sein muss, denn die Medienlandschaft in Hamburg ist ungleich ausdifferenzierter als in Bremen.

Im Folgenden stellen wir zunächst die Hauptthemen dar. Anschließend schauen wir uns detaillierter an, wie über Risiken und Schäden berichtet wird.

Das häufigste Hauptthema in beiden Städten sind Schutzmaßnahmen. Mögliche Vorsorgemaßnahmen gegen Hochwasserereignisse werden insgesamt in beiden Städten etwa gleich häufig behandelt. Ökologische Aspekte des Hochwasserschutzes werden vergleichsweise selten thematisiert, es dominieren vor allem technische Vorsorgemaßnahmen.

*Tabelle 3: Thematisierung von Vorsorgemaßnahmen als Hauptthema*

|  | Bremen | Hamburg |
|---|---|---|
| Technisch | 11,1% | 13,0% |
| Organisatorisch/Administrativ | 7,4% | 5,0% |
| Ökologisch | 2,8% | 3,1% |

In Bremen sind die organisatorisch-administrativen Maßnahmen etwas häufiger als in Hamburg, wo die technischen Aspekte etwas häufiger Thema sind.

In der qualitativen Detailanalyse zu Hochwasserschutz, Bewältigung und Vorsorge zeigt sich, dass in den lokalen Bremer Medien eine Dramatisierung der Hochwassergefahren in deutschen Städten stattfindet, wobei in Bezug auf Bremen selbst das Risiko von Schäden durch Hochwasser als gering eingestuft wird. Laut zitierter Expertenmeinungen sei Bremen durch technische Maßnahmen ausreichend geschützt. Die konkreten Gefahren werden nur vage umschrieben. Dies ist ein Unterschied zur Kommunikation in Hamburg; hier wird deutlich stärker konkretisiert. Auswirkungen und Einwirkungsmöglichkeiten wurden teilweise detailliert geschildert.

In Bremer Artikeln werden Schäden eher als rein durch technische Mängel verursacht dargestellt und damit auch als technisch bewältigbar eingeschätzt. Es wird suggeriert, dass man durch technische Vorsorge Risiken ausreichend eindämmen kann. Es liegt dann nahe, mögliche Schäden und Risiken durch ein technisches Versagen zu erklären. Es wird auf fehlende finanzielle Mittel verwiesen, die eine technisch adäquate Handhabung aber zum Teil verhindern. Ein Hinweis auf die Haushaltslage gerade in Bremen wird jedoch nur indirekt gegeben.

Etwas anders verhält es sich mit der Ausbaggerung der Wümme, einem Seitenarm der Weser. Hier ist der Diskurs weniger technisch geprägt, setzt jedoch organisatorisch am Hochwasserschutz des gesamten Flusssystems an. Ökologische und soziale Aspekte sind in den analysierten Artikeln nicht zu finden – mit einer Ausnahme: Es werden die Möglichkeiten eines natürlichen Hochwasserschutzes abgewogen. Insgesamt werden Vor- und Nachteile einer Ausbaggerung der Wümme gegeneinander gehalten aber keine eindeutige Stellung bezogen. Hinweise auf den Klimawandel finden sich im Zusammenhang mit dem Thema Bewältigung und Vorsorge des Hochwasserschutzes in Bremen nicht.

In den typischen Artikeln mit überregionalem Bezug, die stellvertretend für die qualitative Analyse ausgewählt wurden, finden sich mahnende Worte zu begangenen Sünden oder Versäumnissen, wie begradigte Flüsse, verbaute Bachgründe und besiedelte Überschwemmungsgebiete. In der Berichterstattung der lokalen Medien beider Städte findet sich diese Verbindung zu möglichen, vom Menschen gemachten Ursachen dagegen nicht. Die lokalen Medien richten ihren Blick tendenziell vom Konkreten weg. Als lokale und städtisch geprägte Gebietskörperschaft kommt es in den Augen der Lokalpresse womöglich weniger in Frage, die Bebauung skeptisch zu beurteilen. Selbiges gilt für die Renaturierung von Auen – es wird grundweg davon ausgegangen, dass man als Stadt für dieses Thema nicht zuständig ist.

Das zweithäufigste Hauptthema in der Berichterstattung ist die beschreibende Darstellung von Flusshochwasser und Sturmflut. Das Thema Hochwasser spielt in beiden Städten eine gewisse Rolle, knapp jeder zehnte Artikel thematisiert ein Hochwasser vor Ort.

*Tabelle 4: Thematisierung von Flusshochwasser und Sturmflut vor Ort als Hauptthema*

|  | Bremen | Hamburg |
|---|---|---|
| Flusshochwasser | 9,3% | 5,0% |
| Sturmflut | 0,0% | 3,7% |

In Bremen allerdings spielt der Aspekt einer durch die Wetterlage bedingten Sturmflut überhaupt keine Rolle. Hier ist es ausschließlich das Flusshochwasser durch die Weser, das in 9,3% der einbezogenen Texte thematisiert wird. In Hamburg werden beide Aspekte der Thematik erwähnt, mit 5,0% aber immer noch häufiger das Thema Flusshochwasser. Diese Verteilung liefert einen wichtigen Hinweis auf die Verortung der lokalen Risikoquellen. In den Bremer Medien scheint die Vergegenwärtigung für die spezifische Risikolage aus Addition von Sturmflut und Flusshochwasser noch selten zu sein. Auf der Hand liegt das Sichtbare, und das ist das Hochwasser der Weser. In Hamburg dagegen ist das Flusshochwasser zwar vorherrschend, dennoch spielt das Sturmflutthema eine Rolle.

Ein weiterer bedeutsamer Aspekt ist die Thematisierung von Schaden und Risiko. In Tabelle 5 sind hierfür die Häufigkeiten angeführt.

*Tabelle 5: Thematisierung von Schaden und Risiko (Hauptthema)*

|  | Bremen | Hamburg |
|---|---|---|
| Eingetretener Schaden | 3,7% | 5,6% |
| Hochwasserrisiko | 0,9% | 3,1% |

Es ist zu sehen, dass in beiden Aspekten Hamburg vor Bremen liegt, folglich ein offensiverer Umgang mit bereits eingetretenen Schäden und möglichen Risiken in der Medienberichterstattung gepflegt wird. Die Summe dieser beiden Thematisierungen ist in Hamburg mit 8,7% gegenüber Bremen mit 4,6% nahezu doppelt so hoch. Besonders deutlich wird, dass über mögliche Risiken in Bremen fast gar nicht berichtet wird. Die Erwähnung des eingetretenen Schadens steht in Hamburg vermutlich inhaltlich in Verbindung mit den tatsächlichen Schäden der letzten Jahrzehnte, die in Bremen tatsächlich niedriger ausgefallen sind. An beiden Untersuchungsstandorten dominiert jedoch insgesamt der Bezug auf bereits eingetretene Schäden. Die Kommunikation von Risiko als einem zu denkenden möglichen Schaden der Zukunft fällt den Printmedien der Jahre 2001 bis 2005 schwerer. Besonders für Bremen wird deutlich, dass der Blick auf die Zukunft der Hochwasserlage so gut wie vollständig ausbleibt und sich, wenn überhaupt, dann in die Vergangenheit richtet.

Der Klimawandel wird in beiden Städten gleichermaßen erwähnt. Jeweils 3,7% der relevanten Artikel haben das Thema Klimawandel zum Hauptgegenstand. In Bremen allerdings wird das Thema Klimawandel nicht mit der Hochwasserthematik in Verbindung gesetzt. In Hamburg ist dies sehr wohl der Fall, sogar mehr als doppelt so viele Artikel behandeln die beiden Themen miteinander als den Klimawandel allein.

*Tabelle 6: Thematisierung von Klimawandelaspekten (Hauptthema)*

|  | Bremen | Hamburg |
|---|---|---|
| Klimawandel allein | 3,7% | 1,2% |
| Klimawandel & Hochwasser verbunden | 0,0% | 2,5% |

In den nach theoretischen Aspekten ausgewählten Artikeln der qualitativen Analyse haben wir auch eruiert, wie über Klimawandel und die Verantwortungsdimension in Hamburg und Bremen berichtet werden. Wie oben erwähnt, spielt der Klimawandel in Bezug auf die Schadens- und Risikodimension potenzieller Hochwasserereignisse nahezu keine Rolle. Dennoch wird der Klimawandel ziemlich eindeutig als existent angenommen und auch als anthropogen verursacht eingestuft. Das Bedrohungspotenzial für Hochwasserereignisse für die jeweilige Region bleibt dennoch unklar und diffus. Mögliche Auswirkungen werden als Abstraktum behandelt und überregional eingebettet. Kleinteilige Szenarien für bestimmte Räume werden nicht aufgestellt, Auswirkungen nicht abgewogen.

Mehr ins Detail gehen die Journalisten, wenn von Temperaturen und Regenschauern die Rede ist. Dies wird auch mit dem Phänomen *Klimawandel* zusammengebracht. Hier sind regionale Bezüge durchaus zu finden, genauso wie die Thematisierung von Beziehungen zwischen globalen und regionalen Vorgängen. Dennoch geschieht dies nicht bezogen auf die Hochwasserrisikolage der beiden Städte. Die weiter reichenden Konsequenzen werden nicht systematisch dargestellt.

Im Rahmen des medialen Umgangs mit dem Phänomen *Klimawandel* wird eine Beeinflussung des Klimas durch den Menschen, also auch eine Verlangsamung der Erwärmung grundsätzlich für möglich gehalten. Dies umfasst also sowohl die Ursachenzuschreibung des Phänomens als auch die tendenzielle Wirksamkeit von Reaktionsmechanismen. In diesem Stadium der Diskursführung wird auf den Aspekt der Anpassung noch kein Akzent gesetzt.

Die nachrangige Rolle, die der Klimawandel in Verbindung mit der Hochwasserrisikolage spielt, äußert sich darin, dass oberflächlich beschrieben wird, dass es wohl schlimmer werde als es heute sei, ohne dass genauere Analysen vorgestellt werden. So findet sich in der Hamburger Berichterstattung eine starke Unsicherheit bezüglich der Entwicklung des Wettergeschehens und der globalen Erwärmung. Entsprechend werden nur wenige Bezüge zur Stadt Hamburg hergestellt, wie beispielsweise die Erwähnung einer präventiven Hochwasserschutzmaßnahme, die Sperrung verschiedener Stadtteile.

Ausgehend vom Klimawandel werden Deicherhöhungen und ein abgestimmtes Vorgehen zwischen den Akteuren als notwendige Reaktionen thematisiert. Akute Gefährdungen werden von den Verantwortlichen nicht gesehen, es sei genug Zeit vorhanden, um die Ergebnisse der Berechnungen für die Deicherhöhung und die Einflüsse von Klimawandel und Fahrrinnenvertiefung zu berücksichtigen. Als Bewältigungsmaßnahmen werden allein adaptive, technische Maßnahmen dargestellt.

In den überregionalen Medien gestaltet sich die Analyse ähnlich. Zwar wird die Verbindung von Klimawandel und Hochwasser hergestellt und der Klimawandel als reale menschengemachte Gefahr gesehen. Prognosen und Szenarien bleiben jedoch auf sehr oberflächlichem Niveau, wie auch in der lokalen Berichterstattung.

Als Ursache wird der Ausstoß von $CO_2$ genannt. Besonders hinsichtlich der Begradigung und des Ausbaus von Flüssen wie Donau und Elbe wird ein Umdenken gefordert. Die Risikoakzeptanz der Politiker wird als zu hoch eingeschätzt. Jedoch sei auf wissenschaftlicher Seite der Zusammenhang zwischen der Erwärmung und häufigeren Flusshochwassern und Sturmfluten nicht nachzuweisen. Hier zeigt sich erneut, dass der Diskurs noch deutlich von Unsicherheiten bezüglich der konkreten Auswirkungen des Klimawandels geprägt ist.

Zwischen Unsicherheit und gesicherter Meinung bewegen sich in den überregionalen Artikeln die Ansichten zum Meeresspiegelanstieg. Als Reaktion werden verschiedene Anpassungsstrategien untereinander abgewogen, wobei die finanziellen Auswirkungen vorwiegend im Vordergrund stehen. Die Anpassungsmaßnahmen an die Folgen des Klimawandels werden als teuer charakterisiert. Zur ökonomischen Verdeutlichung dient die Versicherungswirtschaft als Beispiel, da diese vorsorglich Rücklagen gebildet habe, um im wetterbedingten Schadensfall schnell handeln zu können.

Interessante Bezüge finden sich abschließend im Tenor der Berichterstattung.

In Hamburg zeigt sich die Medienberichterstattung weitaus weniger abwägend als in Bremen, dafür deutlich mehr dramatisierend. Verharmlosend ist die Berichterstattung in beiden Städten nicht.

Die Informationsumwelt der Bürgerinnen und Bürger

*Tabelle 7: Tenor der Berichterstattung*

|  | Bremen | Hamburg |
|---|---|---|
| Abwägend | 19,4% | 12,4% |
| Dramatisierend | 10,2% | 15,5% |
| Verharmlosend | 2,8% | 3,7% |

Wie zu erwarten war, ist der Ort, auf den in der lokalen Presse Bezug genommen wird, der entsprechende Erscheinungsort.

*Tabelle 8: Ort der Referenz*

|  | Bremen | Hamburg |
|---|---|---|
| National, Deutschland | 15,7% | 11,2% |
| Hamburg | 0,9% | 34,2% |
| Bremen | 42,6 | 0,0% |

(in der Tabelle sind nicht alle internationalen Referenzorte aufgeführt)

Der Bezug zu Themen innerhalb Deutschlands ist in Bremen größer als in Hamburg. In Hamburg verteilen sich die Themen viel breiter. Gut ein Drittel bezieht sich in der Hamburger Berichterstattung direkt auf Hamburg, in Bremen ist der Selbstbezug mit 42,6% etwas größer.

Die mediale Repräsentation der Schadenswahrscheinlichkeit ist für unseren Zusammenhang ebenfalls zentral.

*Tabelle 9: Unsicherheitsdimension: Schaden oder Risiko?*

|  | Bremen | Hamburg |
|---|---|---|
| Schaden bereits eingetreten | 57,4% | 53,4% |
| Schaden wahrscheinlich | 15,7% | 13,0% |
| Schaden unwahrscheinlich | 9,3% | 5,6% |

Die Situation, dass das Eintreten eines Schadens sehr unwahrscheinlich ist, wird weitaus häufiger in Bremen thematisiert als in Hamburg. In Hamburg lässt sich nur knapp jeder zwanzigste Artikel der unwahrscheinlicheren Schadensdimension zuordnen. Es zeigt sich, dass in Bremen stärker über die Unwahrscheinlichkeit eines hochwasserbezogenen Schadens berichtet wird.

Gleichzeitig finden sich in Bremen aber auch mehr Bezüge zu eingetretenem Schaden aller Art als in Hamburg. Bei allen Artikeln, die einen bereits eingetretenen Schaden beschreiben, liegen den meisten Beschreibungen Bezüge auf materiellen Schaden zugrunde.

*Tabelle 10: Bei eingetretenem Schaden: Schadenkorpus*

|  | Bremen | Hamburg |
|---|---|---|
| Materieller Schaden | 27,8% | 20,5% |
| Menschen: Körperlicher Schaden/Tote | 21,3% | 18,6% |
| Fokus auf ökonomischen Schaden | 12,0% | 6,8% |
| Fokus auf ökologischen Schaden | 8,3% | 5,0% |

Es folgt an beiden Befragungsorten die menschliche Dimension, also alle Schäden, die mit körperlichen Beeinträchtigungen oder dem Tod zusammenhängen.

Daran schließt sich der Fokus auf ökonomische Schäden und schließlich der Bezug auf ökologische Schäden an.

Anhand der ausgewählten Artikel zu Schadensfällen in Hamburg und Bremen haben wir detailliert untersucht, wie jeweils in den lokalen Medien und überregional angesiedelten Medien über Schadens- und Katastrophenfälle berichtet wird. In den lokalen Medien in Bremen werden Schadensfälle von relativ kleinem und regionalem Ausmaß beschrieben, wie z.B. überschwemmte Wiesen. Es wird zudem von einzelnen Betroffenen berichtet. Die beschriebenen Schadensfälle werden jedoch als Einzelereignisse dargestellt und nicht oder nur ganz am Rande in größere Zusammenhänge oder Entwicklungen, wie den Klimawandel (siehe oben), eingeordnet. Der Fokus liegt auf einzelnen Akteuren und Schicksalen, so werden Personen des öffentlichen Lebens zitiert oder kommen direkt zu Wort.

Es wird dabei aber keinerlei Ursachenforschung betrieben, da die Ereignisse als Ausnahmen der Natur wahrgenommen werden, die statistisch gesehen mit einer gewissen Regelmäßigkeit und automatisch wiederkehren. Es wird ausgeblendet, dass eben diese statistischen Ausreißer, jene besonderen Ereignisse, in ihrer Wahrscheinlichkeit Änderungen unterliegen. In den Artikeln wird vermittelt, dass mit technischer Vorsorge ausreichend gegengesteuert werden kann. Die genannten persönlichen Vorsorgemaßnahmen beziehen sich allesamt auf Einrichtungen im eigenen Haus. Die Verantwortung im Schadensfall wird öffentlichen Stellen zugeschrieben.

In den Bremer Artikeln mit überregionalem Bezug wird die „Jahrhundertflut" 2002 an der Elbe detailliert und in ihrem gesamten Schadensausmaß beschrieben. Betont wird die sehr nachhaltige und überwältigende Solidarität, die nach der Flut 2002 zu beobachten war. Hervorgehoben wird das Engagement von Bürgerinnen und Bürgern aus der Region um Bremen beim Einsatz an der Elbe während und nach der Flut. Dabei wird ein Bezug zwischen der Katastrophe und den Hilfsleistungen aus Bremen hergestellt. Ausführlich dargestellt werden lokale Aktionen zur Linderung akuter Not und Spendenaktionen. Ein wenig überraschend ist, dass keinerlei Reflexionen darüber stattfinden, was vergleichbare kommende Ereignisse auslösen könnten und welche Risiken damit verbunden wären.

In der Hamburger lokalen Berichterstattung zeigt sich ein routinierter Umgang mit Überschwemmungen. Es wird nicht von einzelnen Schadensereignissen gesprochen, sondern es erfolgt eine sachliche Aufzählung des Ausmaßes der Schäden durch die Überschwemmungen. Es ist keine besondere Hervorhebung von einzelnen Schäden zu beobachten, sondern eine Aufzählung der Schäden und getroffenen Maßnahmen in der Stadt. Es zeigt sich somit eine entdramatisierende Berichterstattung, aus der Routine und Gewöhnung an Überschwemmungen und Überflutungen sichtbar wird.

Als Bewältigungsmaßnahmen werden vielfältige Möglichkeiten wie Verhaltensveränderungen oder organisatorische Anpassung an die Überflutungen aufgeführt. Die Einberufung eines Krisenstabs wird ebenfalls erwähnt. Frühzeitige Warnungen vor Überschwemmungen werden kritisch gesehen, da sie die Glaubwürdigkeit von Prognosen gefährden könnten.

Etwas anders verhält es sich mit der Hamburger Berichterstattung über die Flut 2002. Als überregionales Thema wird auch hier schwerpunktmäßig über Einzelschicksale berichtet. Die Überschwemmung wird als plötzliches Ereignis dargestellt, deren Ausmaß alle überrascht hat. Vorherrschend ist wiederum die Hervorhebung der einsetzenden Solidarität unter den Betroffenen und von außen. Hier wird auch die hauptsächliche Möglichkeit der Bewältigung der Flutschäden verortet: Dies sollen verstärkte Nachbarschaftshilfe, finanzielle Hilfen und ein neuer Deich vollbringen. Maßnahmen der persönlichen Vorsorge werden mit Verhaltensänderungen, eigenem Deichbau und dem Umzug in sichere Gebiete sehr ausführlich dargelegt. In den Diskursen über Bewältigungsstrategien stehen jedoch technisch-organisatorische Maßnahmen im Vordergrund. Ein weiterer häufig genannter Punkt ist die ökonomische Seite des Ereignisses. Angesprochen werden der Wertverlust von Baugrundstücken und Sachschäden, hauptsächlich im Privatbesitz.

Wie die Ursachen des Hochwasserrisikos in den Medienberichten der beiden Städte dargestellt werden, zeigt die Tabelle 11. Deutlich hoch ist der Bezug in Bremen auf reines Flusshochwasser gegenüber Hamburg. Auch der Klimawandel als Risikoquelle taucht in Bremen doppelt so häufig auf wie in Hamburg. Dort sind es dagegen die Flussbegradigungen und die Deichthemen, die einen größeren Raum einnehmen. Planungsfehler spielen hier wie dort nur eine geringe Rolle.

*Tabelle 11: Ursache des Risikos*

|  | Bremen | Hamburg |
|---|---|---|
| Flusshochwasser | 13,0% | 8,7% |
| Klimawandel | 7,4% | 3,7% |
| Flussbegradigung oder -ausbau | 1,9% | 6,2% |
| Möglicher Deichbruch oder neuer Deich | 2,8% | 7,5% |
| Planungsfehler | 2,8% | 2,5% |

Betrachtet man die Berichterstattung darauf hin, ob eher der Mensch oder eher die Natur als Verursacher des Hochwasserrisikos gilt, unterscheiden sich die beiden Untersuchungsorte. Platz eins in Bremen belegt als Ursache für Hochwasserrisiken der Mensch bzw. seine Technik. In Hamburg steht weit führend vorn die Natur als Ursache des Risikos. Eine Mischung aus beiden Ursachen liegt in den Städten lediglich auf Platz drei.

*Tabelle 12: Ursache des Risikos*

|  | Bremen | Hamburg |
|---|---|---|
| Mensch und/oder Technik | 7,4% | 8,7% |
| Natur | 5,6% | 14,3% |
| Natur und Mensch/Technik | 4,6% | 6,8% |

Woher das Risiko auch immer kommt, eines steht fest: dominierend ist die Nicht-Akzeptanz des bestehenden Hochwasserrisikos. Etwa drei Mal so viele Artikel haben zum Inhalt, das Risiko nicht zu akzeptieren, als es zu akzeptieren.

*Tabelle 13: Risikoakzeptanz*

|  | Bremen | Hamburg |
|---|---|---|
| Risiko wird akzeptiert | 4,6% | 5,6% |
| Risiko wird nicht akzeptiert | 14,8% | 12,4% |

Ein weiterer wichtiger Aspekt für den Umgang mit Hochwasserrisiken ist die Frage welche Gesellschaftsgruppen verantwortlich sind. In der Medienberichterstattung beider Städte sind es die Politik und Behörden, denen primär die Verantwortung zugeschrieben wird. In Bremen liegt noch ein kleiner Akzent vor in der Zuschreibung auf die Bevölkerung, der in Hamburg weitaus geringer ausfällt.

*Tabelle 14: Verantwortungszuschreibung für Risiko (kausal)*

|  | Bremen | Hamburg |
|---|---|---|
| Politik/Behörden | 8,3% | 9,9% |
| Bevölkerung | 2,8% | 1,2% |
| Industrie | 0,9% | 1,2% |

Um die mediale Repräsentation des Risikos besser zu verstehen, haben wir auch diesen Aspekt an ausgewählten Artikeln qualitativ analysiert. In der lokalen Bremer Berichterstattung wird die Sicherheit Bremens immer wieder deutlich herausgestellt. Begründet wird dies durch den hohen technischen Schutz, durch den Ausbau von Deichen und weitere Rahmenbedingungen wie das schnelle Ablaufen der Weser und die Lage einzelner Gebiete über dem Meeresspiegel. Es wird darauf hingewiesen, dass es keinen Grund zur Panik gebe und Risiken nicht durch Flusshochwasser, sondern eher durch Regengüsse entstünden, deren Wassermengen nicht zügig genug von den Kanälen aufgenommen werden könnten. Zur Risikominimierung werden rein technische Bewältigungsmaßnahmen und keine Alternative dazu diskutiert. Der Klimawandel wird in der lokalen Berichterstattung in diesem Themenkontext überhaupt nicht erwähnt.

Als Tendenz ist in Bremen zu erkennen, dass das Sicherheitsgefühl aus rein technischem Schutz entspringt. Der technische Schutz – meist in Form von Deichausbau – im Vorfeld gibt den Berichten zufolge in Bremen keinen Anlass zur Sorge. Zusätzlich seien die Rahmenbedingungen, wie die seichte und glatte Weser, kein Grund zur Beunruhigung.

In den überregionalen Beiträgen wird teilweise ein Bezug zum Klimawandel hergestellt und auf mögliche Risiken für Land-, Forst- und Wasserwirtschaft hingewiesen. Von einer Zunahme an höheren Fluten weltweit wird ausgegangen. Dies wird jedoch nicht auf Bremen übertragen, möglicherweise deshalb, weil die Hauptursache in Starkregenfällen gesehen wird, die die Kanalisation nicht aufnehmen kann. Dieser Punkt scheint in den Augen der Verfasser in Bremen nicht stark an den Klimawandel gekoppelt zu sein.

In Hamburg stellt sich die Lage aus der Sicht der lokalen Berichterstattung anders da. Hier wird zwar auch über den Stellenwert von Technik und deren Bedeutung für die Sicherheit in der Stadt berichtet. Hinzu kommt aber ein weiterer interessanter Sachverhalt: soziale und organisatorische Vorsorgemaßnahmen. Dazu zählen die Entwicklung und das Vorhandensein von Evakuierungsplänen sowie die Durchführung von regelmäßigen Übungen. Dieser Aspekt der Berichterstattung entspricht der Idee der *risiko- und katastrophenmündigen Bürger*. In Hamburg finden sich zudem in den ausgewählten Artikeln der qualitativen Analyse kaum beschwichtigende Argumentationen. Eine besondere Stellung in Hamburg kommt einer weiteren Elbvertiefung zu. Hier sind die Meinungen zwar nicht eindeutig, es werden verschieden Gefahren aufgezeigt, aber auch positive Effekte (Arbeitsplätze) genannt.

Die Medienberichterstattung in Hamburg und Bremen unterscheidet sich der Inhaltsanalyse zufolge nur graduell. Die Berichterstattung über Schadensereignisse steht in beiden Städten im Vordergrund, Risiko- und besonders auch Nachhaltigkeitsaspekte sind nachrangig. Insgesamt ist die Hamburger Berichterstattung tendenziell differenzierter, konkreter, und der Tenor ist etwas alarmierender.

## 4.3 Zusammenfassung: Informationsumwelt

Die Analyse der behördlichen und medialen Kommunikation in Bremen und Hamburg hat interessante Unterschiede ans Licht gebracht. Mit Blick auf die behördlichen Kommunikationsaktivitäten lässt sich sagen, dass in Hamburg deutlich ausführlicher und direkter mit den Bürgerinnen und Bürgern kommuniziert wird als in Bremen. In Hamburg werden Gefahren genauer benannt und vor allem konkrete Handlungsmöglichkeiten für die Einwohner aufgezeigt. In

Bremen werden mögliche Gefahren weitaus vorsichtiger kommuniziert. Und die Darstellung technischer Lösungsmöglichkeiten des Problems scheint dem Motto zu folgen: Die öffentliche Hand und die Technik werden das Problem schon lösen. Demgegenüber werden in Hamburg die Bürgerinnen und Bürger gezielt aufgeklärt und zur Aktivität angehalten.

Bei der vergleichenden Betrachtung der Printmedien in Bremen und Hamburg fällt zunächst auf, dass die quantitativen Unterschiede für die meisten Themen keineswegs groß sind. Die Häufigkeit aufgezeigter Inhalte ist es demnach nicht, die einen größeren Unterschied in der Risikokultur der Bevölkerung begründet. Die eigentlich entscheidenden Unterschiede zeigen sich erst in der ergänzenden qualitativen Analyse. Dort zeigen sich interessante Unterschiede: In den Bremer Artikeln ist der *Hochwasserschutz* stärker auf technische Fragen sowie mangelnde ökonomische Ausstattung gerichtet. Da beide Aspekte nicht immer positiv ausfielen, könne mitunter eine Gefahr entstehen. Die Ursachen oder die Aktivierung der Menschen werden nicht thematisiert. Ökologische und soziale Themen spielen keine Rolle in der Bewältigung und Vorsorge. In Hamburg wird zwar auch über Technik als Schutzmaßnahme geschrieben, nicht jedoch über Kosten. Zudem werden technische Maßnahmen nur als ein Teilaspekt des Risikomanagements präsentiert. Für die Artikel beider Städte stehen die Rücknahme von Bebauung oder die Thematisierung derselben als eine Risikoursache nicht im Blickpunkt. Der *Klimawandel* wird in den untersuchten Jahren zwar in Artikeln behandelt, jedoch nur sehr wenig mit regionalen Hochwasserereignissen in Verbindung gebracht. Die Auswirkungen werden global betrachtet, nicht regional. Als Bewältigungsmaßnahmen für die Folgen des Klimawandels werden abermals rein technische Ideen vorgebracht.

Die Darstellung von *Schäden und Katastrophen*, wie z.B. über die Elbeflut von 2002, ist in Hamburg routinierter und abstrahierter. In Bremen werden mehr Einzelschicksale als Aufhänger dargestellt, dagegen aber weniger Fakten aufgeführt. In beiden Städten wird jeweils die Solidarität gesondert gelobt, sofern vorhanden. Mögliche Präventionsmaßnahmen der Betroffenen werden nicht gezeigt, lediglich von Schäden wird berichtet. Entsprechend können von den Lesenden keine Schlüsse für den eigenen Alltag aus dem Dargestellten abgeleitet werden.

Über das *Risiko* eines Hochwasserereignisses berichten die Hamburger Medien mehr als die Bremer. Präziser formuliert wird in Hamburg mehr Gewicht auf die Erörterung des Risikos gelegt, dagegen in Bremen mehr Gewicht auf Schäden. Allgemein findet man in der Bremer Berichterstattung zum Teil noch Sicherheitsverheißungen, die auch den Klimawandel einschließen. In Hamburg findet man keine Sicherheitsversprechen. Vor allem werden in Hamburg in Verbindung mit dem Risiko organisatorische und soziale Sachverhalte erwähnt, die in Bremen fehlen. Wenn dort von Risiko die Rede ist, dann in Verbindung mit dem technischen Stand der Schutzanlagen.

Vor dem Hintergrund dieser Ergebnisse lässt sich festhalten, dass die Einwohner Hamburgs und Bremens in unterschiedlichen, lokalspezifischen Informationsumwelten leben. Welche Einflüsse dies möglicherweise auf die Wahrnehmungen der Bürgerinnen und Bürger von Hochwasser hat, werden wir in den folgenden Kapiteln analysieren.

# 5. Die Repräsentationen der Bürgerinnen und Bürger

In diesem Kapitel stellen wir die Ergebnisse der Meinungsumfrage vor. Wie bereits im Methodenkapitel dargestellt, greifen wir dabei auf zwei Methoden zurück: Im Zentrum steht die repräsentative Bevölkerungsbefragung, ergänzt durch Ergebnisse der Fokusgruppen in Bremen (Dürrenberger/Behringer 1999). Da die Methode der Fokusgruppe ausschließlich in Bremen durchgeführt wurde, wird diese nur eingebracht, um entweder allgemeine und für beide Städte geltende und auf beide übertragbare Ergebnisse zu untermauern oder aber, um besondere für Bremen geltende Aspekte zu verdeutlichen.

Die Ergebnisdarstellung der Umfrageergebnisse ist zuerst thematisch geordnet und innerhalb der thematischen Einteilung untergliedert in die zunächst deskriptive Präsentation der Häufigkeiten und schließlich in die analytische Unterfütterung der abhängigen Variablen durch unabhängige Variablen. Die Bezugnahme erfolgt je nach vorliegendem Datenniveau und vorhandener Voraussetzung für die Anwendung statistischer Verfahren hauptsächlich über einen Mittelwertvergleich, d.h. einfaktorieller Varianzanalyse, Korrelation nach Spearman oder Pearson sowie Chi-Quadrat-Tests. Werden andere Verfahren eingesetzt, so werden diese dort gesondert erwähnt. Zusammenhänge werden für unsere Untersuchung bedeutsam und finden Erwähnung, sofern sie das Signifikanzkriterium des Alpha-Fehlers von weniger als 5% Irrtumswahrscheinlichkeit bei der Entscheidung für die H1-Hypothese, also des Vorhandenseins eines Zusammenhangs, erfüllen. Auf die Anwendung der Bonferroni-Korrektur für Signifikanzschwellen haben wir bei den vorliegenden Berechnungen meistenteils verzichtet, um eine im forschungsmethodischen Sinne nicht-konservative Ergebnisgenerierung zu erreichen und den explorativen Charakter der Analysen zu unterstreichen.

## 5.1 Repräsentative Befragung und Fokusgruppen

Die Darstellung des Datenmaterials aus der Repräsentativbefragung erfolgt entlang der im theoretischen Kapitel beschriebenen Dreiteilung in Katastrophenkommunikation, Risikokommunikation und Nachhaltigkeitskommunikation.

Neben der Darstellung von Häufigkeitsverteilungen sowie möglichen Unterschieden zwischen den beiden Städten, stellen wir, wie beschrieben, Ergebnisse aus weiter führenden Datenanalysen vor, die zu einem differenzierteren Verständnis der Katastrophen-, Risiko- und Nachhaltigkeitswahrnehmung von Bürgerinnen und Bürgern beitragen sollen. Die Ergebnisse werden dann mit Blick auf die Adaptions-Herausforderungen eines nachhaltigen Hochwassermanagements interpretiert.

Die unabhängigen Variablen, die wir verwendet haben, sind in Tabelle 15 aufgelistet.

*Tabelle 15: Auflistung der unabhängigen Variablen*

| Soziodemografie | Individualindikatoren | Einstellungsvariablen |
|---|---|---|
| Wohnort: HB/HH | Geäußertes Sozialkapital | Bedrohungsgefühl durch HW |
| Geschlecht | Betroffenheit durch HW | Wertigkeit der HW-Thematik |
| Alter | Wohnen zur Miete/Eigentum | Interesse an HW-Thematik |
| Bildung | Typ: vorsichtig/risikofreudig | Einst. Globale Orientierung |
| Einkommen | Typ: misstrauisch/vertrauensvoll | Einst. Zukunftsdeterminismus |
| Vorhandensein von Kindern unter 14 Jahren | | |

Die meisten der unabhängigen Variablen sind selbsterklärend, zum besseren Verständnis müssen jedoch einige Erläuterungen erfolgen.

Das geäußerte Soziakapital ist eine Generierung aus Items zum Kontakt zu anderen Menschen und der Eingebundenheit in soziale Strukturen. Die beiden

Typeinteilungen aus der Mittelspalte sind eindimensionale Selbsteinschätzungen des eigenen Charakters.

Die beiden Einstellungsvariablen „Globale Orientierung" und „Zukunftsdeterminismus" lassen sich zentralen Kategorien der Nachhaltigkeitswissenschaft zuordnen. Die eine beschreibt das Verständnis von vernetzten Wirkungszusammenhängen über lokale Maßstäbe hinausgehend. Die andere beschreibt die im Konzept der Nachhaltigkeit unerlässliche Zukunftsorientierung, vermengt mit dem Verständnis der Wirkmächtigkeit des eigenen Handelns, in der Psychologie als „Self Efficacy" bezeichnet. Vertritt beispielsweise jemand den Standpunkt, dass an der Zukunft sowieso nichts geändert werden könne, dann zeigt dies implizit eine Fokussierung auf die Gegenwart und eine Geringschätzung der eigenen Handlungsfolgen und damit auch der individuellen Reaktionsnotwendigkeit.

Es wird sich zeigen, dass manche Variablen in den nachstehenden Ausführungen häufiger erwähnt werden als andere. Dies zeigt an, in welchem Ausmaß entweder die Inhalte theoretisch weniger von Bedeutung sind oder aber die Operationalisierung optimiert werden kann (Wir hoffen, eher auf den ersten der beiden Aspekte hinweisen zu können).

## 5.1.1 Hochwasser im Kontext

Zunächst gilt es, den Stellenwert des Themas „Hochwasserschutz" im Vergleich zu anderen politischen Themen einzuordnen. Zu diesem Zweck wurden die Bürgerinnen und Bürger gebeten einzuschätzen, welches für sie die vorrangigen Aufgabenfelder der Politik in ihrer Stadt sind. Unter den Antwortvorgaben, von denen die Befragten sich drei aussuchen konnten, war auch das Thema Hochwasserschutz. Tabelle 16 zeigt, dass dieses Thema, relativ betrachtet, zunächst für nicht vorrangig gehalten wird. Zusammen mit dem Bereich Umweltschutz liegt dieses Themenfeld am Ende der Liste. Als wichtiger werden die Bildungspolitik und die Bekämpfung von Kriminalität erachtet. Angesichts der Tatsache, dass es sich beim Thema Hochwasser um kein akutes Thema handelt, welches im alltäglichen Geschehen der Einwohnerschaft eine manifeste Rolle einnimmt, sondern nur bei bedrohlichen Ausnahmesituationen in den Blickpunkt gerät, ist der Anteil von gut einem Drittel aller Befragten Personen, die den Hochwasserschutz für vorrangig halten, als hoch einzuschätzen.

*Tabelle 16: (Frage 1) Besonders wichtige Aufgabenbereiche der lokalen Politik*

| Erhebung Risikokultur in Hamburg und Bremen 2005 | | | |
|---|---|---|---|
| Angaben in % der Nennungen | Gesamt | Bremen | Hamburg |
| Bildungspolitik | 70,5 | 77,0 | 64,0 |
| Kriminalitätsbekämpfung | 57,0 | 51,0 | 63,0 |
| Sozialpolitik | 45,1 | 44,5 | 45,8 |
| Wirtschaftsförderung | 43,0 | 46,0 | 40,0 |
| Umweltschutz | 37,5 | 41,3 | 33,8 |
| Hochwasserschutz | 35,3 | 28,8 | 41,8 |

Input: Nennen Sie mir bitte die drei, die Sie für besonders wichtig halten!

Im Vergleich zwischen Bremen und Hamburg zeigt sich in Hamburg mit genannten 41,8% eine weitaus höhere Wertigkeit der politischen Aufgabe „Hochwasserschutz" als in Bremen mit 28,8%. In Hamburg ist er das viertwichtigste Thema, vor der *Wirtschaftsförderung* und dem *Umweltschutz* und lediglich etwa 22 Prozentpunkte vom wichtigsten Thema, der Bildungspolitik, entfernt. In Bremen dagegen, beträgt dieser Abstand 49 Prozentpunkte. An der Weser ist das Thema *Hochwasser* abgeschlagen auf dem letzten Rang, dafür wird aber im Vergleich zu Hamburg dem Umweltschutz allgemein mehr Bedeutung zugewiesen – dem Thema *Kriminalitätsbekämpfung* dagegen eine geringere Wichtigkeit.

Eine weitere, auf eine allgemeine Einschätzung zielende Frage richtet den Blick auf das grundsätzliche Bedrohungsgefühl. Wovon fühlen sich die Einwohner bedroht? Wie in der vorangehenden Frage konnten wiederum drei Kategorien ausgewählt werden. In der folgenden Tabelle ist zu erkennen, dass unter den von uns vorgegebenen Antwortmöglichkeiten der *Klimawandel* mit insgesamt 52,5% der Befragten die größten Ängste hervorruft, dicht gefolgt von der *Umweltverschmutzung*.

*Tabelle 17: (Frage 2) Allgemeine Bedrohungen*

| Erhebung Risikokultur in Hamburg und Bremen 2005 | | | |
|---|---|---|---|
| Angaben in % der Nennungen | Gesamt | Bremen | Hamburg |
| Klimawandel | 52,5 | 54,0 | 51,0 |
| Umweltverschmutzung | 51,0 | 55,5 | 46,5 |
| Armut | 42,8 | 42,3 | 43,3 |
| Gentechnik in der Landwirtschaft | 42,1 | 43,3 | 41,0 |
| Krankheits-Epidemien | 41,9 | 40,5 | 43,3 |
| Hochwasser | 33,5 | 30,8 | 36,3 |

Input: Bitte nennen Sie die drei, von denen Sie sich persönlich am meisten bedroht fühlen.

Wenngleich die Bremer sich weniger bedroht durch Hochwasser fühlen als die Hamburger (30,8% gegenüber 36,3%), so fürchten sie sich umso mehr vor dem Klimawandel (54,0% gegenüber 51,0%) bzw. vor dem, was hinsichtlich Hochwassergefahren noch kommen könnte. Denn, wie wir noch sehen werden, hängen in den Augen der Bürgerinnen und Bürger der Klimawandel und extreme Wetterereignisse eng zusammen. Die anderen Bedrohungen werden in etwa gleich bewertet, etwas zurück fällt lediglich die Angst vor Hochwasser. Diese Zahl mag im Vergleich mit anderen Bedrohungen geringer sein – jedoch ist es sowohl in Bremen als auch in Hamburg immer noch etwa jede dritte Person in gefährdeten Gebieten, die sich bedroht fühlt. In der folgenden Grafik wurde das Bedrohungsgefühl nach einigen relevanten Bevölkerungsgruppen gegliedert.

*Abbildung 3: Geäußerte Bedrohung ausgewählter soziodemografischer Gruppen*

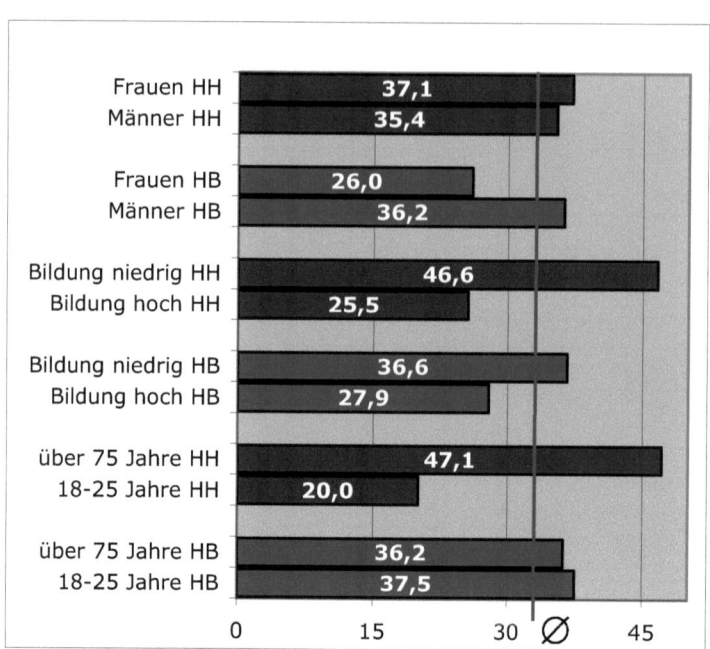

Angaben in % der jeweiligen Gruppe

Die Abbildung zeigt für jede Gruppe den Personenanteil der geäußerten Bedrohung. Das höchste Bedrohungsgefühl äußern in Hamburg die älteren Personen über 75 Jahre mit 47,1%. Dies ist vermutlich direkt auf das Hochwasserereignis von 1962 zurückzuführen. In Hamburg fühlt sich dagegen nur jede fünfte Person zwischen 18 und 25 Jahren durch Hochwasser bedroht. Bemerkenswert ist, dass in Bremen durch alle Altersgruppen hindurch etwa gleich Werte mitgeteilt wurden, es zeigt sich dort kein Abfallen des Bedrohungsgefühls bei den jungen Erwachsenen.

Ein zweiter Faktor in Hamburg ist die Bildung: Personen mit vergleichsweise niedrigerer Bildung äußern ein ungleich höheres Bedrohungsgefühl als Personen mit höherer Bildung. In Bremen ist dieser Unterschied im Faktor Bildung zwar auch zu finden, aber weitaus geringer als in Hamburg. In Bremen sind es überproportional häufig die Männer, die sich bedroht fühlen – mit 36,2% gegenüber 26,0% der Frauen. In Hamburg gibt es lediglich geringe Geschlechtsunterschiede.

Die Bewertung des Hochwasserrisikos war auch Gegenstand der Diskussionen in den Fokusgruppen. Alle Befragten teilten die Einschätzung, dass ein generelles Hochwasserrisiko im Bremer Raum und insbesondere in der Region nahe der Wümme besteht, wenn ungünstige Wetterlagen Wasser von Fluss und See in die tief gelegene Wümme-Region befördern und andere Gegenden durch Sperrwerke abgeriegelt sind oder Starkregen auftritt.[13] Zum Teil existiert die Ansicht, dass man zwar von einem Risiko gehört habe, aber ohne diese Quelle ein Risiko eigentlich nicht präsent sei: „Aber da habe ich ja tatsächlich doch schon gelesen, also dass Bremen eben zu den Städten gehört, die eben vom Hochwasser schon bedroht sind" äußert eine ältere Dame.

Allerdings gingen die Meinungen über die Wahrscheinlichkeit eines Schaden verursachenden Hochwassers auseinander, gerade auch in Bezug auf die persönliche Gefährdung, die z.B. von der Wohnlage und Gebäudeart abhängig ist.

Die Fokusgruppe der Landwirte zeigte sich sehr einig in der Einschätzung ihrer Gefährdungssituation. Sowohl sie persönlich betreffend als auch allgemein besteht nach ihrer Auffassung die reelle Gefahr eines Hochwassers. Betroffen seien die Landwirte kontinuierlich auf ihren Feldern, die überflutungsgefährdet seien, nicht ihre Häuser, die auf höherem Niveau lägen. Das persönliche Risiko der Landwirte sei demnach einerseits höher, da gerade Sommerhochwasser die Ernte und den Viehbestand bedrohten. Dies gelte auch, wenn das Hochwasser nicht so stark ausfalle, dass ihre Höfe bedroht seien, da diese in der Regel auf Hofwarften stünden, die an das Deichniveau von 1962 angelehnt seien. Andererseits schützten eben diese Warften die Landwirte in der Regel gegen größere Schäden am eigenen Leib (oder am Hof), somit betrifft Hochwasser hauptsächlich das Weideland. Die alltägliche große Nähe zur Natur und die Erfahrung mit dem Wasser und Hochwasser führen zu einer Kompetenz in Sachen Risikoeinschätzung. Die Landwirte können aus ihrem Erfahrungsfundus schöpfen und das Ausmaß eines hereinbrechenden Schadensereignisses annähernd kalkulieren. Nachteilig ist dieser Fundus, wenn es um die Abschätzung von Klimaveränderungen geht. Aufgrund des direkteren Kontaktes zur Natur und der damit einhergehenden geringeren Angewiesenheit auf Medien, vertrauen die Landwirte mehr ihrem eigenen Sinnesapparat und sind Klimawandelprognosen eher skeptisch gegenüber eingestellt.

---

[13] Zwei unserer Fokusgruppen haben wir in der Wümme-Region im Stadtteil Borgfeld durchgeführt. Daher entsteht der starke Bezug zur Wümme als Quelle von Hochwassergefahren. Allerdings wurde die Wümme auch von nicht dort ansässigen Personen genannt.

Die Bewohner von Neubausiedlungen, wie in unserem Falle von Lilienthal besitzen diese Kompetenz weitaus weniger. Sie sind zum Teil von außerhalb oder aus dem Kernstadtbereich hinzugezogen und haben wenig Erfahrungswerte mit dem lokalen Wetter. Die Beweggründe zum Niederlassen in einer Neubausiedlung sind oft ökonomischer Art, denn das Bauland ist vergleichsweise günstig und es gibt fürs Geld relativ viel Grün vor der Haustür. Zudem werden wegen Raummangel der Kommunen nunmehr zunehmend Gebiete als Bauland ausgewiesen, die nicht ohne Grund vorher nicht berücksichtigt wurden. Wie in unserer Beispielsiedlung liegt das Oberflächenniveau nicht weit über der Gewässeroberfläche oder dem minimalen Flurabstand auf vormals teilweise morastigem Gelände. Laufende Kreditabtragung für das Haus sorgt oft für eine gewisse finanzielle Spannungssituation, die durch ein eintretendes Hochwasserereignis erschwert würde – so ist die Angst der Einwohnerschaft recht groß.

Die Senioren sehen tendenziell ein geringeres persönliches Risiko. Erstens, weil in ihren Augen die Deichtechnik und die Sperrwerke auf einem besseren Stand als früher sind, sich auf diesem Gebiet also einiges getan habe, und zweitens, weil sie sich überwiegend ausreichend Kompetenz und Reaktionsfähigkeit zutrauen, was das Gefühl der Bedrohung stark abschwächt. Ausdrücklich wird die Inbetriebnahme der Sperrwerke genannt, die den Schutz deutlich steigern würden. Dennoch sehen sie ein Risiko durch die vorherrschende Prioritätensetzung zu Gunsten von Wirtschaft und Ästhetik sowie aus früheren Erfahrungen mit Hochwasserereignissen. Da in den Fokusgruppen keineswegs die klassischen vulnerablen Seniorengruppen vertreten waren, die gekennzeichnet sind durch Immobilität und körperliche Schwächung, haben wir explizit nachgefragt, ob die anwesenden Senioren sich Sorgen machen um jene vulnerablen Senioren im Falle eines Hochwassers. Aber auch diese Frage wurde allgemein verneint, hier wurde auf Nachbarschaft und Vernetzung verwiesen. Den Anwesenden fiel kein mögliches Schadensereignis ein, das eine derartige Situation hervorrufen könnte, in der überhaupt jemand in seiner oder ihrer Wohnung vergessen werden könnte, auch eine ältere Person nicht.

Wie zu erwarten war, verfügte die Gruppe der Senioren über eine ganze Reihe persönlicher Erfahrungen mit Hochwasserereignissen. Diese werden interessanterweise nur etwa zur Hälfte negativ assoziiert. Viele derartige Ereignisse, auch aus der Kindheit sind mit erstaunlich schönen Erlebnissen verbunden: der Vater musste plötzlich mit dem Boot in die Stammkneipe fahren und nahm die Kinder einmal mit, es wurde von Eissegeln und Schlittschuhlaufen auf überfluteten und zugefrorenen Flächen ebenso berichtet wie allerdings auch von beängstigenden Naturgewalten.

Die Eigenheimbesitzer zeigen einerseits großes Vertrauen in die Hochwasserschutzeinrichtungen, andererseits nehmen sie die Gefahren durch Starkregen und andere unvorteilhafte Wetterlagen ernst, gerade auch in Bezug auf ihre eigene Wohnsituation. In dieser Fokusgruppe sind die Flutereignisse an der Elbe des Jahres 2002 sehr präsent. Es wird gedanklich eine Parallele zu den Bildern gezogen, die damals zerstörte Existenzen zeigten. Hierbei hat das verwüstete Haus als Symbol der Zerstörung des Lebenstraumes eine wichtige Bedeutung.

Die Schüler halten zwar den momentanen Hochwasserschutz für relativ ausreichend, aber auch unerwartete Hochwasser oder gar Deichbrüche für durchaus möglich, ohne dabei die Wahrscheinlichkeit genauer benennen zu wollen, da die verfügbaren Informationen als uneindeutig aufgefasst werden. In der eigenen Person fühlt sich niemand der Schüler bedroht, man verfügt zudem über keine direkten persönlichen Erfahrungen mit Hochwasserereignissen, es werden ausschließlich medial vermittelte Eindrücke genannt. Die Bewertung fällt bei den meisten eher gelassen aus: „Angst, also im Moment sehe ich keine Gefahr, weiß ich von keiner Gefahr, sieht eigentlich ganz okay aus."

### 5.1.2 Katastrophenwahrnehmung und -kommunikation

Von den drei Teilbereichen der Kommunikation sollen zunächst diejenigen Aspekte beschrieben werden, die sich inhaltlich in der Nähe einer direkten Katastrophe befinden, oder aber in abgemilderter Form ein Schadensereignis beschreiben.

Um uns ein Bild davon zu machen, welche Erfahrungen die befragten Personen mit Hochwasserereignissen haben, haben wir zunächst gefragt, wer bereits einmal von einem Hochwasser persönlich bzw. das bewohnte Haus betroffen war. Erwartungsgemäß sind dies in Hamburg mit 33,5% der Befragten weitaus mehr als in Bremen mit 13%. Bei der Interpretation berücksichtigt werden sollte, dass es sich nicht um ein Schadensereignis vor Ort handeln muss, sondern lediglich danach gefragt wurde, ob eine persönliche Betroffenheit grundsätzlich vorliegt.

In der Grafik, die die eigene Betroffenheit in Beziehung zum Alter setzt, zeigt sich die in Hamburg historisch bedingte starke Zunahme mit steigendem Alter. In Bremen dagegen ist das Thema Hochwasser ein junges Thema, d.h. die Betroffenheitswahrnehmung nimmt mit steigendem Alter tendenziell ab.

*Abbildung 4: Eigene Erfahrung mit Hochwasser nach Altersklassen*

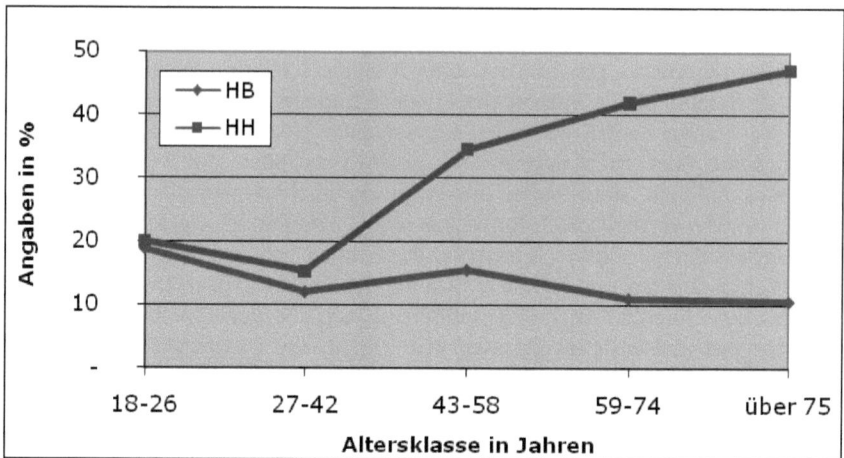

Dies ist im Falle Bremens umso bemerkenswerter, als dass in der Frage eine altersbedingte Zunahme impliziert ist, denn selbstverständlich nimmt die Wahrscheinlichkeit der Betroffenheit mit zunehmendem Alter immer automatisch zu, denn je länger eine Person lebt, desto eher hat sie auch einmal eine Hochwassererfahrung gemacht. Ein gegenläufiger Effekt ist lediglich derjenige des Vergessens. Dass dieser altersbedingte Anstieg in Bremen nicht zu finden ist, ist bemerkenswert und daher die Tatsache der Abnahme mit zunehmendem Alter umso bedeutsamer zu interpretieren.

Entsprechend fallen die Antworten auf die Frage aus, wie lange diese Erfahrungen bereits zurückliegen. In Hamburg geben 84,3% an, ihre Erfahrungen lägen 30 Jahre und mehr zurück (siehe Tabelle 18). Hier spielen zuallererst die Flutereignisse in Norddeutschland von 1962 eine entscheidende Rolle. In Bremen geben diesen Zeitraum zwar auch immerhin 46,2% an, allerdings finden sich in den anderen Zeiträumen durchweg höhere Werte als in Hamburg. Besonders auffällig ist der Anteil derjenigen, die in Bremen angeben, sie seien in den vergangenen fünf Jahren einmal betroffen gewesen – immerhin ist dies nahezu jede vierte Person in den potenziell betroffenen Gebieten der Befragung.

*Tabelle 18: (Frage 5) Zeitpunkt/Zurückliegen der Hochwasserbetroffenheit aus den Fragen 3 und 4*

| Erhebung Risikokultur in Hamburg und Bremen 2005 | | |
|---|---|---|
| Angaben in % der Nennungen | Bremen | Hamburg |
| Bis 5 Jahre | 23,1 | 4,5 |
| 5 – 9 Jahre | 5,8 | 3,7 |
| 10 – 19 Jahre | 13,5 | 3,7 |
| 20 – 29 Jahre | 11,5 | 3,7 |
| 30 Jahre und länger | 46,2 | 84,3 |

Frage: Wie lange ist Ihre persönliche Erfahrung her?

Wie stark interessieren sich die Bürgerinnen und Bürger für den Schutz vor Hochwasser?

An beiden Standorten ist ein hohes Interesse am Thema Hochwasserschutz zu finden. Etwa drei von vier Personen geben an, „stark" oder „sehr stark" am Thema interessiert zu sein.

*Tabelle 19: (Frage 7) Interesse am Hochwasserschutz*

| Erhebung Risikokultur in Hamburg und Bremen 2005 | | | |
|---|---|---|---|
| Angaben in % der Nennungen | Gesamt | Bremen | Hamburg |
| Stark | 40,3 | 33,1 | 47,5 |
| Etwas | 33,5 | 35,1 | 32,0 |
| Weniger | 20,5 | 25,6 | 15,5 |
| Gar nicht | 5,6 | 6,3 | 5,0 |
| Mittelwert* | 1,9 | 2,1 | 1,8 |

*(stark = 1, etwas = 2, weniger = 3, gar nicht = 4)
Frage: Wie stark interessieren Sie sich für den Hochwasserschutz?

In Hamburg ist der Anteil der Interessierten mit 79,5% noch deutlich höher als in Bremen mit 68,2%. Der Anteil der überhaupt nicht Interessierten ist in beiden Städten verschwindend gering.

Schaut man mittels Analyse genauer hin, dann zeigen die Daten, dass dieses Interesse in Bremen und Hamburg mit dem geäußerten Bedrohungsgefühl zusammenhängt: Ein Bedrohungsgefühl führt eher zu höherem Interesse am Thema Hochwasserschutz.

Wer sollte im Falle einer Katastrophe für den Hochwasserschutz verantwortlich sein?

Im nächsten Frageblock geht es darum herauszufinden, wer nach Ansicht der Befragten für die Bewältigung eines eingetretenen Hochwasserereignisses in erster Linie verantwortlich sein sollte. Es lassen sich drei Ebenen unterscheiden: auf der einen Seite die öffentliche Hand, auf der anderen Seite jeder und jede für sich selbst und zwischen diesen beiden Optionen schließlich die Bürgerinnen und Bürger, die sich auf verschiedene Weise selbstorganisiert zusammenschließen.

Die Risikorepräsentation der Bürger

*Tabelle 20: (Frage 11) Verantwortlichkeit im Katastrophenfall*

| Erhebung Risikokultur in Hamburg und Bremen 2005 | | | |
|---|---|---|---|
| Angaben in % der positiven Nennungen* | Gesamt | Bremen | Hamburg |
| Im Falle eines Hochwassers sind öffentliche Einrichtungen für die Katastrophenbewältigung verantwortlich. | 94,4 | 94,2 | 94,5 |
| Falls ein Hochwasser eintritt, müssen sich die Bürger vor allem selbst organisieren und einander helfen. | 79,8 | 78,0 | 81,5 |
| Jeder Einzelne ist in einer Hochwassersituation für sich selbst verantwortlich. | 45,9 | 45,0 | 46,8 |

*(positive Nennungen = stimme zu + stimme eher zu)
Input: Jetzt geht es darum, wer für Hochwasserschutz und Hochwasserbewältigung in erster Linie verantwortlich ist. Bitte geben Sie zu jeder der folgenden Aussagen an, inwieweit Sie ihr zustimmen.

Tabelle 20 zeigt, entsprechend den drei Vorgaben, eine vom Einzelnen bis zur öffentlichen Hand ansteigend positiv gestufte Beantwortung, wobei sich für alle drei Fragen keine Unterschiede zwischen Hamburg und Bremen feststellen lassen. Die Frage, die auf die Rolle der öffentlichen Hand abzielt, erfährt die meiste Zustimmung, lediglich etwa jede zwanzigste Person schließt sich hier nicht an.

Die größte Ablehnung findet die letzte Frage der Tabelle, die nach der Verantwortung jedes Individuums für sich selbst fragt. Hier kann sich weniger als die Hälfte aller Personen anschließen. Zwischen beiden liegt die Beurteilung der Möglichkeiten zur Selbstorganisation der Einwohner, 79,8% sehen hierin eine denkbare Alternative.

Der Anteil der positiven Antworten in den drei Fragen ist in sich nicht widersprüchlich. So kann man durchaus der Meinung sein, dass in erster Linie von öffentlicher Seite Verantwortung wahrgenommen werden soll und dennoch die Frage nach der Verantwortung der Einzelnen und der Notwendigkeit des bürgerschaftlichen Engagements ebenso positiv beantworten. Insgesamt knapp zwei Drittel der Befragten beantworten auf diese Weise alle drei Dimensionen positiv. Was für diese Personen dann Vorrang hat, lässt sich aus den Daten nicht herauslesen. So können nur auf der Basis der Quantitäten im Antwortverhalten des Frageblockes insgesamt Vermutungen angestellt werden.

*Tabelle 21: (Frage 20) Persönliche Erwägung der Umsetzung von Schutzmaßnahmen*

| Erhebung Risikokultur in Hamburg und Bremen 2005 | | | |
|---|---|---|---|
| Angaben in % der positiven Nennungen* | Gesamt | Bremen | Hamburg |
| Gegenseitige Hilfeleistungen im Nachbarschafts- und Bekanntenkreis. | 75,0 | 70,5 | 79,6 |
| Anlegen einer Liste mit wichtigen Telefonnummern. | 55,4 | 52,0 | 58,8 |
| Vermeiden von Umweltschäden. | 54,6 | 53,4 | 55,8 |
| Rechtzeitiges Einholen von Informationen zum Selbstschutz. | 52,5 | 45,8 | 59,3 |
| Zusammenstellen einer persönlichen Notfallausrüstung. | 52,2 | 45,7 | 58,8 |
| Maßnahmen zum Schutz der Inneneinrichtung. | 40,1 | 39,1 | 41,3 |

*(positive Nennungen = bereits durchgeführt + ganz sicher)
Frage: Ziehen Sie es ernsthaft in Erwägung, eine oder mehrere der Schutzmaßnahmen in Ihrem eigenen Haushalt umzusetzen? – Ich nenne sie Ihnen noch einmal im Einzelnen.

In den Medien kursiert eine Vielzahl von Empfehlungen, welche Maßnahmen zu treffen seien, um im Falle eines eintretenden Ereignisses gerüstet zu sein.

Die verbreitetsten darunter haben wir abgefragt, in welchem Maße diese einmal bei den potenziell Betroffenen Anwendung finden könnten (die Fragebatterie aus Tabelle 21 sowie die nachfolgende ist vom psychologischen Teilprojekt um Thomas Martens et al. entwickelt und zusammengestellt worden).

Bei allen Fragen fällt auf, dass in Bremen die Maßnahmen auffällig seltener ergriffen werden. Dies mag daran liegen, dass die Notwendigkeit derzeit seltener gesehen wird. Schließlich, wie oben dargestellt, wähnen sich die Bremer Bürgerinnen und Bürger weniger bedroht von einem Hochwasser.

Die hier wie dort häufigste Nennung möglicher Maßnahmen, die gegenseitige Hilfeleistungen im Nachbarschafts- und Bekanntenkreis, ist bedeutsam für das Projekt *INNIG*, geht es doch von einer individualisierten Gesellschaft aus. Dieses große Potenzial für selbstorganisierte Hilfsnetzwerke deutet nicht unbedingt auf einen hohen Grad an Individualisierung hin. Wobei die Individualisierungstheorie selbstverständlich etwas anderes meint als Individuation oder zunehmenden Egoismus. Sie bezeichnet grob ausgedrückt nichts anderes als eine zunehmende Abkehr von standardisierten Biografieverläufen. Die Folge ist aber mitunter eine gesteigerte Flexibilität und damit verbunden auch oft eine Vereinsamung oder eine Abnahme sozialer Bindungen.

Zwischen den Altersklassen zeigen sich in diesem Zusammenhang im Übrigen keine bedeutsamen Unterschiede, bei Jung und Alt besteht gleichermaßen die Bereitschaft anderen zu helfen. Lediglich die allerjüngsten weisen etwas niedrigere Werte auf, sowie in Hamburg die Menschen über 75 Jahre.

Auffällig sind die bildungsbezogenen Zusammenhänge: je höher die Bildung, desto geringer die denkbare Einbeziehung von Freunden und Bekannten. In Hamburg sind es bei den Menschen mit geringerer Bildung 89,0% die bei Freunden und Bekannten Hilfe suchen würden, bei den höher gebildeten sind es dagegen nur 68,4%.

Die übrigen Maßnahmen nehmen in der Präferenz mit dem Grad des Aufwandes, der zur Umsetzung betrieben werden müsste, ab: je höher der Aufwand, desto geringer die Attraktivität der Maßnahme. Die Maßnahmen zum Schutz der Inneneinrichtung kommen dann nicht einmal mehr für jede zweite Person in Frage.

Neben diesen allgemeineren Hinweisen wurden einige konkrete Verhaltensweisen abgefragt. Diese sind zwar sehr hypothetisch, sollen aber dennoch nicht unerwähnt bleiben. 73,3% in Hamburg und 75,2% in Bremen geben an, sie würden ganz ruhig bleiben, wenn es zu einem Hochwasserereignis käme. Dies kann fraglos nicht ohne Einschränkung auf eine akute Gefährdungssituation übertragen werden, jedoch ist es ein Hinweis darauf, dass es im Ernstfall weitenteils nicht zu einer Massenhysterie kommen würde. Dafür spricht weiter, dass insgesamt 70,1% angeben, sie seien durch schlechte Nachrichten nicht so leicht aus der Ruhe zu bringen. Ein gewisser Teil der Beteiligten geht sogar einen Schritt darüber hinaus und verharmlost die Situation: 34,5% würden sich denken, dass das Hochwasser sicher schon eingedämmt sei. Weitere 20,5% nähmen an, dass es sich nur um ein harmloses Hochwasser handele, da Nachrichtensprecher zu Übertreibungen neigten.

Welchen Bekanntheitsgrad haben die Organisationen mit lokaler Verantwortlichkeit bei Hochwasserkatastrophen?

Die Frage nach der Verantwortlichkeit spiegelt zweierlei wider. Sie gibt zunächst Aufschluss über die Bekanntheit lokaler Organisationen und damit indirekt auch über die Aktivitäten der genannten Organisationen sowie über das Wissen und das Interesse der befragten Personen. Andererseits ist die Bekanntheit wichtig im Katastrophenfall, denn Vertrauen und Gefolge für administrativ gebündelte Maßnahmen lässt sich effektiver von für die Einzelnen althergebrachten und etablierten Organisationen hervorrufen.

Die Frageform für die in Abbildung 5 geäußerten Einrichtungen war offen, es wurden den Beteiligten also keine Antwortvorgaben gemacht. Es konnten bis zu drei Antworten gegeben werden.

*Abbildung 5: Bekanntheit zuständiger lokaler Institutionen des Hochwasserschutzes*

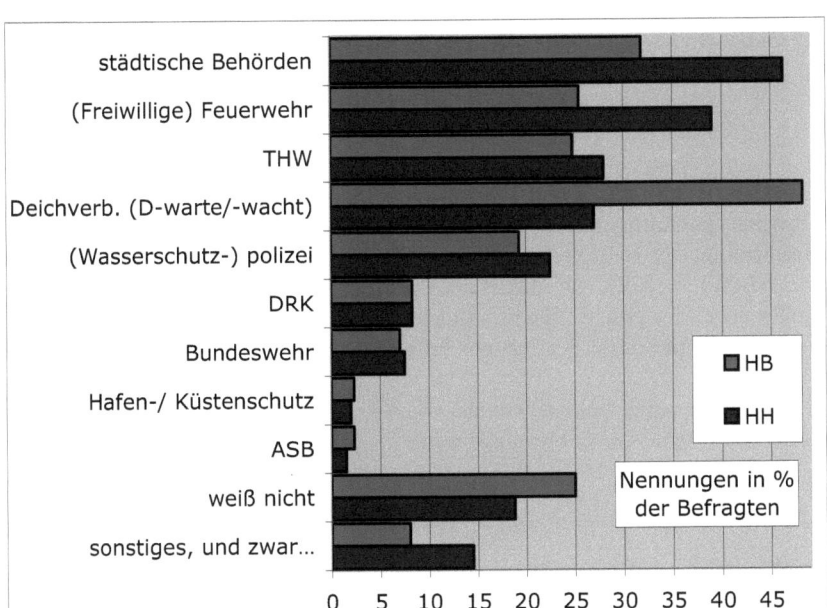

Frage: Können Sie mir Institutionen nennen, die für den Hochwasser- und Sturmflutschutz bei Ihnen vor Ort zuständig sind? (Offene Frage, keine Antwortvorgaben)

Die Abbildung zeigt allerlei lokale Besonderheiten, denn den höchsten Bekanntheitsgrad genießen entsprechend der lokalen Präsenz in Hamburg die städtischen Behörden mit 46,3%, in Bremen dagegen die Deichverbände mit 48,3% der Befragten. Lässt man die Altersklasse der unter 27-jährigen einmal unberücksichtigt, sind es sogar 51,9% der Befragten. In Hamburg werden zudem die (freiwilligen) Feuerwehren mit 39,0% sehr häufig genannt – in Bremen nennen diese dagegen nur 25,5%. Mit relativ vielen Nennungen in beiden Standorten komplettieren das THW und die Wasserschutzpolizei bzw. Polizei die in den Augen der Befragten fünf großen Organisationen. Mit großem Abstand folgen schließlich im Zusammenhang mit Hochwasserschutz weniger bekannte Akteure wie das DRK, die Bundeswehr, der Hafen- und Küstenschutz sowie der ASB.

Mit Ausnahme des Deichverbandes fallen für alle Organisationen die Nennungen in Bremen geringer aus. Zudem wird dort die Antwort „weiß nicht" zw.

"kenne keine Organisation" mit 25% häufiger gegeben als in Hamburg mit 18,8%. Unter den 18-26-jährigen ist dies sogar die häufigste Antwort, in Bremen mit 53,1% und in Hamburg mit 40,0%. In Bremen hängt das Nicht-Wissen mit abnehmender Bildung zusammen, in Hamburg dagegen nicht.

### 5.1.3 Risikowahrnehmung und -kommunikation

Neben den Einstellungen der Bevölkerung haben wir einige Fragen zu einem möglichen zukünftigen Schadensfall durch ein Hochwasserereignis und zu der Einschätzung der Bedrohung durch ein solches unter der Bevölkerung gestellt. Eine besondere Rolle für die Wahrscheinlichkeit und das Schadenspotenzial spielt hierbei der globale Klimawandel, weil er direkt Einfluss auf den Verlauf und auch die Beurteilung künftiger Entwicklungen von Hochwasserereignissen nimmt.

Zunächst sollte geklärt werden, für wie wahrscheinlich eine lokale Hochwasserkatastrophe vor Ort gehalten wird.

*Tabelle 22: (Frage 9) Wahrscheinlichkeit einer lokalen Hochwasserkatastrophe*

| Erhebung Risikokultur in Hamburg und Bremen 2005 | | | |
|---|---|---|---|
| Angaben in % der Nennungen | Gesamt | Bremen | Hamburg |
| Sehr wahrscheinlich | 9,5 | 5,5 | 13,5 |
| Eher wahrscheinlich | 42,0 | 38,0 | 45,9 |
| Eher unwahrscheinlich | 42,6 | 47,9 | 37,3 |
| Sehr unwahrscheinlich | 5,9 | 8,6 | 3,3 |
| Mittelwert* | 2,5 | 2,6 | 2,3 |

*(sehr wahrscheinlich = 1, eher wahrscheinlich = 2, eher unwahrscheinlich = 3, sehr unwahrscheinlich = 4)
Frage: Für wie wahrscheinlich halten Sie eine Hochwasserkatastrophe in Ihrer Region?

Im Ganzen ist die Erwartung einer möglichen Katastrophe in Hamburg höher als in Bremen (siehe Tabelle 22). Die meisten Antworten bewegen sich im unsicheren Bereich, es liegen kaum eindeutige Meinungen vor, welche Ereignisse in Zukunft eintreten können, daher befinden sich die meisten Antworten zwischen „eher wahrscheinlich" und „eher unwahrscheinlich" – ein deutliches Zeichen für eine allgemeine Unsicherheit.

Die Extremstandpunkte sind recht selten, ganz sicher, dass eine Hochwasserkatastrophe vor Ort kommen wird, sind in Hamburg 13,5%, in Bremen lediglich 5,5%. Interessanterweise sind sich umgekehrt nur wenig Befragte völlig sicher, dass nichts passieren kann – mit 8,6% in Bremen und 3,3% in Hamburg allerdings nur etwa jede 11. bzw. 30. Person.

Zusammenfassend bedeutet dies, dass zwar eine akute Katastrophe nur wenige erwarten, aber andererseits kaum jemand mit einer Gewissheit lebt und folglich ein mögliches Ereignis immer auch im Kopf existiert, wenngleich auch nicht vordergründig, aber dennoch in den Köpfen der Menschen präsent ist.

Zwischen der Einschätzung der Wahrscheinlichkeit einer Hochwasserkatastrophe vor Ort und dem Interesse am Thema Hochwasserschutz besteht ein Zusammenhang. Je höher die Einschätzung der Wahrscheinlichkeit des Eintretens, desto höher ist das Interesse am Schutz vor Hochwasser. Über die Richtung der Kausalität kann hier nur spekuliert werden: erhöht das Interesse die Wahrscheinlichkeitseinschätzung oder ist es umgekehrt?

Einschätzung der Wahrscheinlichkeit eines extremen Hochwassers in den Fokusgruppen

Die Möglichkeit eines extremen Hochwassers wird von allen Befragten als zunächst relativ unwahrscheinlich angesehen, aber ebenfalls, gerade unter Berücksichtigung der wahrgenommenen Klimaentwicklungen der letzten Jahre, als unter ungünstigen Bedingungen durchaus vorstellbar betrachtet. Was genau ein als extrem zu bezeichnendes Hochwasser ausmacht, wird von den Gruppen implizit unterschiedlich definiert.

Die Landwirte betonen die Schwere von im Sommer auftretenden Hochwassern gegenüber denen im Winter auftretenden, da durch Erstere ungleich größere Schäden entstünden, letztere wiederum von ihnen als alltäglich empfunden werden. Zudem heben sie hervor, dass in den letzten Jahren die Hochwasserereignisse immer häufiger, plötzlicher, schneller und länger andauernd waren – eine Folge natürlicher und normaler Klimaschwankungen. Die Bremer Senioren sehen zum einen aufgrund der geografischen Lage ein geringeres Risiko eines extremen Hochwassers als in Hamburg und zum anderen betrachten sie die vorhandenen und verbesserten technischen Möglichkeiten als wirksames Mittel zur Abschwächung etwaiger Hochwasserereignisse und empfinden damit rundum ein geringeres Risiko eines Ereignisses größeren Ausmaßes. Die Eigenheimbesitzer aus Bremen halten ein Großereignis ebenfalls für eher unwahrscheinlich, jedoch stellen sie auch die Unberechenbarkeit heraus, die zukünftige Wetterphänomene charakterisiere. Tendenziell wird daher immer auch in der Kategorie des Verlustes des eigenen Besitzes gedacht. Die Schüler sind zwar sehr offen für größere Katastrophenszenarien, so sind sie die einzige Fokusgruppe, die direkt von Toten in Bremen redet, aber vermutlich daher, weil es in der Fokusgruppe „cool" erschien, sich an dieser Stelle die schlimmsten Dinge auszumalen, von Sturmfluten über Starkregen und Szenarien des Films „The Day after Tommorrow" bis hin zu einem terroristischen Anschlag auf die Deiche. Letztlich wird dies aber mit einer Mischung aus Ernsthaftigkeit und Humor diskutiert, eine akute Beunruhigung zeigen sie nicht.

Die Bedrohungen, die genannt werden, lassen sich allesamt nicht lokal auf Bremen eingrenzen. Die Erwägungen, die der Klimawandel hervorruft, sind recht drastisch. Szenarien mit erheblichen Konsequenzen werden benannt, wie der Untergang ganz Norddeutschlands, der völlige Zusammenbruch Deutschlands durch umfangreiche Wüstenbildung oder Überflutung sowie das Versiegen des Golfstroms und damit verbunden das Versinken Europas unter einem Eispanzer. Diese Gefahren nehmen mehr Raum ein als eine Bedrohung durch Hochwasser in der Region Bremen.

Was denkt die Bevölkerung rund um das Thema *Hochwasserrisiko*?

In der folgenden Tabelle (Tabelle 23) sind einige Aussagen dazu mit absteigender Zustimmung zusammengefasst.

Die erste Frage zeigt den Zusammenhang zwischen Klimawandel und zukünftigen Hochwasserereignissen auf. Insgesamt 81,4% der befragten Personen meinen, dass der Klimawandel das Hochwasserrisiko in Zukunft verstärken wird, in Hamburg etwas mehr als in Bremen.

*Tabelle 23: (Frage 8) Aussagen zum Thema Hochwasserschutz*

| Erhebung Risikokultur in Hamburg und Bremen 2005 | | | |
|---|---|---|---|
| Angaben in % der positiven Nennungen* | Gesamt | Bremen | Hamburg |
| Ein Klimawandel wird das Hochwasserrisiko in meiner Region verstärken. | 81,4 | 79,9 | 83,1 |
| Ein Hochwasser in meiner Region wäre eine große Gefahr für Pflanzen und Tiere. | 74,1 | 73,2 | 75,2 |
| Die nachfolgenden Generationen wären durch das Hochwasserrisiko in meiner Region gefährdet. | 72,1 | 68,8 | 75,6 |
| Das Hochwasserrisiko in meiner Region ist ein natürliches Phänomen, das hauptsächlich durch Wetterereignisse verursacht wird. | 72,0 | 67,1 | 76, 9 |
| Vor allem menschliche Aktivitäten wie Flussbegradigungen verstärken das Hochwasserrisiko in meiner Region. | 66,2 | 68,8 | 63,5 |
| Ich fühle mich durch das Hochwasserrisiko in meiner Region bedroht. | 33,1 | 25,3 | 41,0 |

*(positive Nennungen = trifft zu + trifft eher zu)
Input: Nun nenne ich Ihnen einige Aussagen zum Thema Hochwasser.

Etwas geringer ist die Zustimmung zu den folgenden Fragen. Drei Viertel, hier wie dort, glauben, ein Hochwasser sei eine große Gefahr für Pflanzen und Tiere.

Die Beurteilung des Hochwasserrisikos für die nachfolgenden Generationen fällt in Hamburg mit 75,6% Zustimmung kritischer aus als in Bremen mit 68.8%. Dies passt ins Bild, fallen doch die anderen Einschätzungen der Gefahr und des Risikos in Hamburg ebenso pessimistischer aus.

Die folgenden beiden Fragen zielen darauf ab, herauszufinden ob die Befragten eher den Menschen oder die Natur als Urheber von Hochwasserereignissen ansehen. Hier entscheiden diese sich aber nicht für das Eine oder das Andere, sondern stimmen beidem zu. Die Rangfolge der Einschätzung ist allerdings in Bremen und Hamburg umgekehrt. In Hamburg wird häufiger die Einschätzung mitgeteilt, dass Wetterereignisse der Auslöser für Hochwasserrisiken seien. In Bremen dagegen werden häufiger der Mensch und seine Maßnahmen dafür verantwortlich gemacht. Etwa die Hälfte der an der Umfrage beteiligten Menschen sehen in beidem additiv die Ursache.

Mit weitem Abstand zu den anderen Fragen schließlich folgt die Beurteilung des eigenen Gefahrengefühls – wie bereits oben schon dargestellt, fühlt sich die Mehrheit nicht direkt bedroht.

Einschätzung der Veränderung des Hochwasserrisikos in den Fokusgruppen

Die Befragten gehen fast durchweg von einem Anstieg des Hochwasserrisikos aus. Ebenso einig sind sich die Befragten bezüglich des bereits eingesetzten und sich fortsetzenden Klimawandels, aber inwiefern dieser anthropogen ist, wird lediglich von den Landwirten in Frage gestellt. Aber ob anthropogen oder durch natürliche Schwankungen verursacht, immer wird durch die Erwärmung des Klimas langfristig ein weit größeres Hochwasserrisiko erwartet als kurzfristig. Der Meeresspiegel wird sich in den Augen nahezu aller weiter erhöhen. In Kombination mit weiteren negativen Einflussfaktoren, wie der fortschreitenden flussnahen Bebauung, vor allem aber Flächenversiegelung und Weservertiefung, wird eine unbedingte Zunahme des Risikos angenommen. Insbesondere das letztgenannte Thema, die Weservertiefung, wird als großes Problem betrachtet und ist in den Köpfen am stärksten als Sorgenquelle präsent. In der Vertiefung wird der ungehemmte Einfluss wirtschaftlicher Interessen gesehen, der die Interessen der Einwohner unwichtig erscheinen lässt.

Die Landwirte sehen eine größere Gefahr als in Klimaschwankungen in der aus ihrer Sicht fehlerhaften Wümme-Bewirtschaftung, so verändere sich der Lauf der Wümme langsam, aber stetig, das Wasser reiche hier und dort bereits an den Deichfuß heran und beeinträchtige die Deichsicherheit. Früher seien oftmals Steine zur Befestigung am Deich ausgelegt und der Bewuchs der Wümme beschnitten worden, was aber beides seit Langem nicht mehr geschehe.

Zudem liege eine Gefahr in der erhöhten Fließgeschwindigkeit und der verringerten Abflussgeschwindigkeit durch veränderte Wasserraumbewirtschaftung, demnach eine Steigerung des Hochwasserrisikos im quantitativen und im qualitativen Sinne.

Die Senioren prognostizieren im Großen und Ganzen eine Zunahme des Hochwasserrisikos. Zwar seien die momentanen Hochwasser durch die vorhandenen und auch in Zukunft noch besser werdenden technischen Möglichkeiten weitgehend unter Kontrolle zu halten, aber in ferner Zukunft könnten Hochwasser diese Einrichtungen einmal überfordern. Verantwortlich für diese Entwicklung sei das Verhalten der Menschen bzw. ihrer Regierungen, also die Prioritätensetzung zu Gunsten ökonomischer oder baulich-ästhetischer Interessen. Die Eigenheimbesitzer zweifeln nicht am Klimawandel und wollen vermehrte Starkregen und langsamer ablaufende Hochwasser beobachtet haben. Die Schüler sehen eine Chance, mit neuartigen Techniken neuen Problemen entgegenzuwirken, aber nicht in jedem Fall zu bewältigen. Auch haben sie festgestellt, dass die Wümme-Wiesen öfter überflutet werden als vor einigen Jahren und dass das Wetter unberechenbarer, schwankender und extremer zu werden scheint. Der Klimawandel ist für sie kaum zu bezweifeln und mit Konsequenzen verbunden, aber dessen Herkunft und Auslöser sind für sie nicht eindeutig.

Wer ist verantwortlich für den vorbeugenden Hochwasserschutz?

Ähnlich wie im Abschnitt Katastrophenkommunikation dargestellt, haben wir nach der Verantwortung für den vorbeugenden Hochwasserschutz gefragt. Hier wird also nicht nach dem konkreten Schadensfall gefragt, sondern nach der Verantwortung für den präventiven Schutz vor Hochwasserereignissen. Es lassen sich abermals die drei bereits aufgezeigten Dimensionen finden: Die öffentliche Hand, der Zusammenschluss von Bürgerinnen und Bürgern sowie jeder Einzelne für sich.

*Tabelle 24: (Frage 11) Verantwortlichkeit für Hochwasserschutz und Hochwasserbewältigung*

| Erhebung Risikokultur in Hamburg und Bremen 2005 | | | |
|---|---|---|---|
| Angaben in % der positiven Nennungen* | Gesamt | Bremen | Hamburg |
| Die Hochwasservorsorge ist Sache öffentlicher Einrichtungen. | 96,2 | 95,7 | 96,8 |
| Die vielleicht einmal betroffenen Bürger sollten gemeinsam Vorsorgemaßnahmen treffen. | 69,2 | 70,0 | 68,6 |
| Jeder Einzelne muss selbst vorsorgen, um sich vor Hochwasserereignissen zu schützen. | 49,4 | 48,2 | 50,8 |

*(positive Nennungen = stimme zu + stimme eher zu)
Input: Jetzt geht es darum, wer für Hochwasserschutz und Hochwasserbewältigung in erster Linie verantwortlich ist. Bitte geben Sie zu jeder der folgenden Aussagen an, inwieweit Sie ihr zustimmen.

Ebenso wie bei der Einschätzung der Verantwortlichkeit im Katastrophenfall stuft sich das Antwortverhalten auch hier. Erst die öffentlichen Einrichtungen, dann die Bürger gemeinsam und zuletzt jeder für sich.

In Sachen Verantwortungszuschreibung wird demnach nicht zwischen dem Katastrophenfall und der Prävention unterschieden. Die Anpassungsleistungen sollen in erster Linie von der Allgemeinheit geleistet werden, die Einzelnen sehen sich, jeder für sich selbst, nur wenig in der Pflicht.

Hochwasserschutz: Verantwortlichkeit und Organisation

Es besteht weitest gehende Einigkeit unter allen Beteiligten der vier Fokusgruppen, dass die Verantwortung und damit auch die Verpflichtung für den Hochwasserschutz von allen getragen und frühzeitig, also vorausschauend, wahrgenommen werden sollte. Diese Verpflichtung aller wird in Bremen an die von der

Bürgerschaft finanzierten Deichverbände weitergegeben. Man zahlt gerne für die Deichverbände und vertraut auch deren Arbeit weitgehend: „Ja, wir können doch vertrauen, dass die gewählten beiden, da, die Ämter, die ja in erster Linie da zuständig sind, rechts und links, für die Zukunft so planen, dass wir gesichert sind." Auch nach Einwänden des Moderators möchte keiner der Beteiligten vom Solidarprinzip abkehren. Alle sehen die Notwendigkeit, die Kräfte im Hochwasserschutz zentral in einem starken Akteur zu bündeln. Mit der Arbeit der Deichverbände ist man sehr zufrieden, lediglich unter den Landwirten wird die stark auf Umweltschutz ausgerichtete Sicht des rechten Deichverbandes kritisiert. Nirgendwo wird eine Alternative zum Deichverband oder eine Initiative zu seiner Reorganisation aufgezeigt.

Während die Arbeit des Deichverbandes in Bremen relativ positiv bewertet werden, wird die Arbeit von Politikern stark kritisiert, da diese vor allem in Wahlkampfzeiten und bei Ernstfällen auftauchten und dann keine nennenswerten Beiträge leisteten, sondern lediglich die Öffentlichkeitswirksamkeit nutzten und ein paar Gutachten in Auftrag gäben, nicht jedoch alle Interessen fair verträten, geschweige denn nützliche Maßnahmen ergriffen oder ausreichend Entschädigungen für besonders Betroffene bereitstellten.

Die Senioren können vielerlei Erfahrungen mit der Hochwasserschutzorganisation vorweisen und sind bezüglich der Arbeit von Politikern geteilter Meinung. Die Arbeit der Deichverbände wird auch hier vorwiegend positiv bewertet. Ein wichtiger Kritikpunkt ist die bisherige Zusammenarbeit mit der Bevölkerung, die als notwendig bezeichnet wird. Hier stimme der Informationsfluss noch nicht. Eine Einzelmeinung bewertet die Deichverbände als zu sehr reagierend und zu wenig vorsorgend. Im Prinzip müsse man der Wissenschaft vertrauen und der Deichverband nach ihren Ergebnissen handeln, sofern er mit ausreichend Mitteln versorgt sei, um gut arbeiten zu können. Eine weitere Besonderheit zeigen die Senioren: Ihre Sichtweise ist noch in gewissen Teilen national orientiert, ein internationales Denken für manche schwierig.

Die Eigenheimbesitzer empfinden die Hochwasserschutzorganisation als funktionierend, erst recht, solange nichts passiert. Allerdings hinterfragen sie, ob die Deiche und Sperrwerke auf Dauer ausreichen und mahnen zur Berücksichtigung von Retentionsflächenbedarf und Hochwassergefahren bei der Planung von Siedlungen. Diese Fokusgruppe denkt als Einzige über ihr eigenes Verhalten nach und setzt es in Beziehung zum Klimawandel: ausdrücklich ist es das Mobilitätsverhalten mit häufiger Auto- und Flugzeugnutzung.

Die Schüler zeigen wenig Kenntnis und Bezug zur Hochwasserschutzorganisation. In ihren Augen sollte ein Frühwarnsystem existieren und bei akuter Gefahr Aufklärung mit Handlungsoptionen und ohne Panikmache betrieben werden. Außerdem sollten die Lasten unbedingt gleichmäßig und solidarisch von der Gesellschaft getragen werden. Der Blick der Schüler ist weniger präventiv und zielt eher auf Maßnahmen im Notfall ab – genannt werden für die Organisation von Hochwasserschutz der Einsatz von Sandsäcken, die Evakuierung von Wohngebieten, das grundsätzliche Wegziehen, das Sichern der eigenen Gegenstände. Einzig über die Begrenzung von Bodenversiegelung als Prävention wird nachgedacht. Die Schüler legen den Akzent auf vorwiegend technikgestützte Adaptionsmaßnahmen wie schwimmende Städte oder eine Weiterentwicklung der Deichschutztechnologie.

Die Landwirte betonen die Notwendigkeit, dass das Hochwasserproblem als Gesamtproblem vielschichtig sei. Dadurch umgehen sie konkrete Empfehlungen, die umgesetzt werden könnten. Sie monieren, die Sperrwerke müssten frühzeitiger genutzt werden. Die Verteilung der Lasten auf möglichst viele Schultern sei nötig. Manche der Landwirte sehen sich als überproportional belastet, weil sie Inhaber und Nutzer der überfluteten Flächen seien.

Stellenwert des sozialen Kapitals: Nachbarschaften, Vereine, Verbünde, Bekanntschaften

Neben Informationen aus den Medien spielt das soziale Kapital eine besonders große Rolle. In erster Linie bei den Senioren, die ihrer Nachbarschaft große Bedeutung zusprechen. Allerdings wird einerseits geäußert, man kenne sich gar nicht mehr. Andererseits werden gute Beispiele der Nachbarschaftshilfe aufgezeigt. Auch würde man sich schon helfen im Notfall, selbst wenn man gewöhnlich nicht mehr als kurze Grüße austauscht. Diese Hilfe ist aber in jedem Fall spontan und in keiner Weise im Vorfeld organisiert. Wenn etwas passiert ist (z.B. Rohrbruch) oder passieren könnte, dann würde man spontan schauen, wo etwas zu tun wäre.

Auch bei den Landwirten stehen selbstorganisierte Hilfen höher im Kurs als solche der öffentlichen Hand. „Unser Nachbarverband, der weiter östlich liegt, den hat man abends auf einer Hochzeit angerufen, um zwölf, und gesagt: sagt mal deinen Landwirten Bescheid, dass die mal hinfahren, dass die da ihre Tiere wegholen, die könnten in den nächsten Stunden unter Wasser gehen."

Bei Schülern spielt hochwasserbezogene Selbstorganisation gar keine Rolle. Auch die Eigenheimbesitzer sind skeptisch, zu neu ist das Wohngebiet, zu fremd sich die Nachbarn.

Die Organisation über Vereine spielt eigentlich nur für die in der Freiwilligen Feuerwehr organisierten Landwirte eine Rolle.

## Die Risikorepräsentation der Bürger

Notwendigkeit und Möglichkeit der eigenen privaten Vorsorge

Die Möglichkeiten zur privaten Vorsorge im Hinblick auf Hochwasser sind nach einhelliger Meinung der Befragten kaum gegeben. Der Einzelne könne wenig bis gar nichts machen, außer bereitwillig zu zahlen, es bedürfe einer gebündelten Handlung. Es werden zwar kleinere bauliche Maßnahmen am eigenen Haus genannt, die aber selbst in der Selbstbeurteilung für eher unbedeutend gehalten werden.

    Einigkeit besteht bezüglich der zentralen Rolle des Bewusstseins in der Bevölkerung vom bestehenden Risiko, welches in zu geringem Maße vorhanden und äußerst schwer zu aktivieren sei. Darüber hinaus bestehe eine Diskrepanz bezüglich des aus dem Bewusstsein abgeleiteten Verhaltens. Diese Sicht wird explizit von denjenigen unter den Eigenheimbesitzern geäußert, welche diejenigen ihrer eigenen Verhaltensweisen zu hinterfragen versuchen, die von ihnen selbst mit einem möglichen Klimawandel in Verbindung gebracht werden. Entscheidend für gestärktes Bewusstsein und daraus abgeleitetes Handeln ist den Landwirten zufolge die Betroffenheit, z.B. durch eintretenden Schaden. In den Augen der Senioren sind dies Information und der Konflikt zwischen Hochwasserschutz und anderen Interessen. Die Eigenheimbesitzer erkennen ebenfalls die Notwendigkeit der eigenen Betroffenheit und die Schüler nennen Aufklärung und die Überwindung gesellschaftlichen Zwanges, wie z.B. wirtschaftlichen Konkurrenzdrucks. Die besten Ansatzpunkte zur privaten Vorsorge sehen die Landwirte in nachbarschaftlicher Organisation, die bei ihnen traditionell spontan und durch die guten persönlichen Beziehungen untereinander funktioniert. Einer der Senioren äußert ein starkes Gefühl der Ohnmacht, das das eigene Handeln lähmt: „Ich sehe das so, dass wir gegen die gewesenen Hochwasserarten einigermaßen geschützt sind. Aber es wird andere Arten von Hochwasser geben, es sind sogar Prognosen gestellt worden, dass die Nordsee bis nach Hannover gehen soll. Dagegen wüsste ich keinen Schutz."

Wie gerecht geht es in den Augen der Bevölkerung im Hochwasserschutz zu?

In den vier Fragen, die das Thema der Gerechtigkeit im Hochwasserschutz untersuchen sollen, zeigt sich im Vergleich zwischen Bremen und Hamburg ein unterschiedliches Bild.

    Zunächst zu den nicht-ökonomischen Fragen. Diese werden in Hamburg durchweg positiver beurteilt (Tabelle 25). Zu Beginn fragten wir nach der Gerechtigkeit der Schutzfunktion: Schützen die vorhandenen Vorrichtungen manche Menschen besser und manche schlechter? Für gerecht halten in Hamburg

83,9% und in Bremen 74,8% der Befragten die Anlagen. Als Zweites fragten wir nach der Gerechtigkeit von Verfahren zur Entscheidungsfindung. Diese Frage betrifft bereits den Bereich der Mitwirkung der Bürgerinnen und Bürger, ihre Partizipation, welche thematisch unten noch ausführlicher beschrieben ist. Hier galt es zu beurteilen, wie gerecht vor Ort diese Entscheidungsfindungsprozesse ablaufen. Hier sind es abermals die Hamburger, die zu 68,4% diese Prozesse für gerecht halten. In Bremen glauben dies lediglich 56,4% der Bürgerinnen und Bürger.

*Tabelle 25: (Frage 12) Gerechtigkeit des Hochwasserschutzes*

| Erhebung Risikokultur in Hamburg und Bremen 2005 | | | |
|---|---|---|---|
| Angaben in % der positiven Nennungen* | Gesamt | Bremen | Hamburg |
| Schützen Ihrer Meinung nach die vorhandenen Hochwasserschutzanlagen manche Menschen besser und manche schlechter? Das heißt, halten Sie die Anlagen im Hinblick auf den Schutz, den sie geben, für gerecht oder ungerecht? | 79,3 | 74,8 | 83,9 |
| Es gibt Verfahren, in denen Entscheidungen zum Hochwasserschutz gefunden werden. Für wie gerecht halten Sie die Entscheidungsfindung bei Ihnen vor Ort? | 62,4 | 56,4 | 68,4 |
| Und wie gerecht sind in Ihrer Stadt die Kosten verteilt, die zur Sicherung gegen Hochwasser aufgewendet werden? | 54,3 | 56,9 | 51,8 |

*(positive Nennungen = sehr gerecht + eher gerecht)
Input: Jetzt möchte ich wissen, wie gerecht Sie den Hochwasserschutz finden.

Einen weiteren Gerechtigkeitsaspekt beurteilen die Hamburger positiver, und zwar den Punkt der Verbreitung von Informationen über Aspekte der Gerechtigkeit (siehe Tabelle 26). In den Augen der Bremer scheint hier noch Verbesserungsbedarf zu bestehen.

*Tabelle 26: (Frage 13) Verbreitung öffentlicher Informationen zur Gerechtigkeit im Hochwasserschutz*

| Erhebung Risikokultur in Hamburg und Bremen 2005 | | | |
|---|---|---|---|
| Angaben in % der Nennungen | Gesamt | Bremen | Hamburg |
| Völlig ausreichend | 12,8 | 8,1 | 17,6 |
| Eher ausreichend | 40,8 | 39,5 | 42,0 |
| Eher unausreichend | 35,1 | 39,3 | 31,0 |
| Völlig unausreichend | 11,3 | 13,1 | 9,4 |
| Mittelwert* | 2,5 | 2,6 | 2,3 |

*(völlig ausreichend = 1, eher ausreichend = 2, eher unausreichend = 3, völlig unausreichend = 4)
Frage: Für wie ausreichend halten Sie die öffentliche Information über Gerechtigkeitsfragen im Hochwasserschutz in Bremen [Hamburg]?

Schließlich noch einmal zurück zur Tabelle 25, in der am Ende die Werte für die Frage nach der Gerechtigkeit der Kosten für den Hochwasserschutz aufgeführt sind. In diesem Punkt zeigen sich die Bremer zufriedener mit der Gerechtigkeit der Kostenübernahme als die Hamburger. Dies könnte an den differierenden Systemen der Mittelerhebung liegen, die an den Standorten praktiziert werden. In Bremen sind alle Einwohner, die in einem von einem Deich geschützten Gebiet innerhalb der Stadtfläche wohnen über ihren Grundbesitz verpflichtet, eine Abgabe zu leisten. Diese Abgabe ist überall gleich hoch, richtet sich aber nach dem Wert des Grundbesitzes. In Hamburg dagegen richtet sich die Abgabe nach dem Wohnniveau über dem Spiegel der Elbe: Je höher die Bebauung vom Spiegel entfernt liegt, desto niedriger ist die Abgabe. Die Einschätzung kann nun zweierlei bedeuten: Womöglich wird dieses System in Hamburg angezweifelt, zumal das Antwortmuster der übrigen Gerechtigkeitsfragen für diese Stadt ein eher größeres Gerechtigkeitsgefühl ausdrückt. Möglich ist aber aufgrund der Tatsache, dass ökonomische Gerechtigkeitsfragen ein generell niedriges Zufriedenheitsgefühl abbilden auch, dass das hier aufgezeigte niedrige Niveau an Unzufriedenheit der Befragten aus Bremen, ein Hinweis auf vergleichsweise außergewöhnlich hohe Zufriedenheit ist.

An dieser Stelle würde es sich besonders lohnen, noch einmal genauer nachzufragen, denn eine andere Hypothese könnte lauten, dass die Einschätzung der Kostengerechtigkeit mit der administrativen Struktur der Hochwasserschutzeinrichtungen zusammenhängt. In Bremen ist der Deichverband zuständig für den Erhalt der Schutzeinrichtungen, dessen Leitung sich teilweise in demokratischen Wahlen stellen muss. Kandidaten müssen ein Konzept vorlegen und dies den Bürgerinnen und Bürgern mitteilen, was freilich nicht immer gelingt.

Die Beziehung von Hochwasser und Klimawandel

Ein eminent wichtiges Thema dieser Tage ist der Klimawandel. Über viele Jahre hinweg waren die unterschiedlichsten wissenschaftlichen Meinungen in den Medien zu hören und zu lesen. Wandelt sich das Klima oder wandelt es sich nicht? Heute ist man sich sicherer, dass es eine Erwärmung gibt und weiter geben wird – die überwiegende Zahl der Daten spricht dafür.

Für die meisten Menschen ist die Frage nach dem Klimawandel keineswegs abstrakt, Erkenntnisse aus dem Alltagserleben und -empfinden der Menschen hängen unmittelbar mit dieser Frage zusammen. Die Sommer sind sehr trocken! Die Winter sind sehr warm! Es gibt immer mehr Unwetter! Diese Beobachtungen der Menschen sind verständlicherweise selten als statistische und standardisierte Dauerbeobachtungen zu werten, daher auch entsprechend umstritten. De facto handelt es sich um eine Thematik, die in das Leben aller hineinreicht, die aber dennoch schwer zu beurteilen ist. Die Folgen, Ursachen und Entwicklungen sind überregional, ja global und zeitlich bereits lange andauernd und mit weit in die Zukunft ragenden Einflüssen gegenwärtigen Verhaltens. Somit bilden sich die meisten Menschen zu Recht eine Meinung aus einer Mischung von Wahrnehmung und medial bzw. sozial vermitteltem Informationsfluss.

Zunächst wollten wir wissen, ob die Befragten glauben, der Klimawandel könne noch verhindert werden. Hier ist nur noch eine Minderheit optimistisch, in Hamburg glauben an eine Verhinderung 31,4% der Befragten, in Bremen sind dies sogar nur 24,1%.

*Tabelle 27: (Frage 24) Der Klimawandel und seine Folgen*

| Erhebung Risikokultur in Hamburg und Bremen 2005 | | | |
|---|---|---|---|
| Angaben in % der Nennungen | Gesamt | Bremen | Hamburg |
| ... dass der Klimawandel noch verhindert werden kann. | | | |
| Sehr überzeugt | 6,2 | 4,5 | 7,8 |
| Eher überzeugt | 21,6 | 19,6 | 23,6 |
| Eher nicht überzeugt | 56,2 | 59,0 | 53,3 |
| Überhaupt nicht überzeugt | 16,1 | 16,8 | 15,3 |
| Mittelwert* | 2,8 | 2,9 | 2,8 |
| ... dass wir in Deutschland die aus dem Klimawandel folgenden Probleme bewältigen können. | | | |
| Sehr überzeugt | 5,6 | 4,0 | 7,3 |
| Eher überzeugt | 34,3 | 35,1 | 33,6 |
| Eher nicht überzeugt | 50,6 | 51,6 | 49,6 |
| Überhaupt nicht überzeugt | 9,4 | 9,3 | 9,5 |
| Mittelwert* | 2,6 | 2,7 | 2,6 |

*(sehr überzeugt = 1, eher überzeugt = 2, eher nicht überzeugt = 3, überhaupt nicht überzeugt = 4)
Frage: Die meisten Forscher gehen davon aus, dass der Klimawandel auf menschliche Einflüsse zurückzuführen ist. Wie sehr sind Sie selbst davon überzeugt, ... (?)

Etwas positiver werden die Folgen für Deutschland beurteilt, 39,1% bzw. 40,9% geben an, dass ihrer Meinung nach das Land die Folgen bewältigen könne. Für beide Fragen in dieser Tabelle finden sich außer für den Standort keine weiteren Zusammenhänge mit anderen Variablen, das bedeutet, die Sicht auf den Klimawandel durchzieht alle Schichten, alle Altersgruppen und Bildungsniveaus. Ein pessimistischer Blick auf das Phänomen Klimawandel ist also kein Spartenphänomen einzelner Bevölkerungsgruppen mehr, sondern die Meinung, dass der Klimawandel kommen wird, hat bereits eine außerordentlich große Verbreitung gefunden.

Wir wollten genauer wissen, woher in den Augen der Befragten der Klimawandel komme. Hier herrscht die einhellige Meinung, dass dieser anthropogen verursacht wird (siehe Tabelle 28). Gut neun von zehn der befragten Bürgerinnen und Bürger sind dieser Meinung, während im Gegensatz dazu nur knapp vier von zehn die Ursache auch in natürlichen Klimaschwankungen sehen.

*Tabelle 28: (Frage 23) Zusammenhang zwischen Hochwasser und Klima*

| Erhebung Risikokultur in Hamburg und Bremen 2005 | | | |
|---|---|---|---|
| Angaben in % positiven Nennungen* | Gesamt | Bremen | Hamburg |
| Der Klimawandel wird vor allem durch den Menschen verursacht. | 90,2 | 89,4 | 91,0 |
| Der Klimawandel ist ein Phänomen, das hauptsächlich durch natürliche Klimaschwankungen verursacht wird. | 39,1 | 37,4 | 40,9 |

*(positive Nennungen = stimme zu + stimme eher zu)
Input: Bei den nun folgenden Aussagen geht es um den Zusammenhang von Hochwasser und Klima. Bitte geben Sie jeweils an, inwieweit Sie ihnen zustimmen.

Frauen sehen den Menschen deutlich stärker als Verursacher als die Männer. Ebenso schwächt sich diese Einschätzung mit zunehmendem Alter weiter ab. Je älter die Personen sind, desto eher sehen sie natürliche Klimaschwankungen am Werk – hier ist in die gleiche Richtung auch eine starke Bildungsabhängigkeit festzustellen. In natürlichen Klimaschwankungen sehen 53,1% der Befragten die Hauptursache, aber nur 29,5% der höher Gebildeten.

Wie wirkt sich der Klimawandel auf die Hochwassersituation in der eigenen Stadt aus?

Wir haben dargestellt, dass in den Augen der Bevölkerung der Klimawandel kommen wird, mit ungewissen Auswirkungen. In Tabelle 29 sind vier Fragen aufgelistet, die eine Zukunftsperspektive beinhalten. Die meiste Zustimmung findet die Frage nach der Verstärkung des Hochwasserschutzes vor Ort aufgrund des Klimawandels. In Bremen befürworten dies 85,2%, weitaus mehr als in Hamburg mit 77,8%. Entsprechend finden 72,3% aller Beteiligten, dass der Klimawandel in einigen Jahrzehnten in Bremen/Hamburg zu Hochwasserereignissen führen werde, vor denen die jetzigen Schutzeinrichtungen keine Sicherheit bieten könnten.

Auf den ersten Blick passt die zweite Frage der Tabelle nicht ganz ins Bild, denn in dieser geht die Mehrheit davon aus, dass die bestehenden Einrichtungen ausreichen (73,0%). Auf den zweiten Blick wird deutlich, warum auf diese Weise geantwortet wird: Der Zukunftsbezug dieser Frage ist deutlich kürzer, das bedeutet, es ist von „anstehenden" Ereignissen die Rede, die also auch übermorgen oder kommenden Winter eintreten könnten. Die übrigen drei Fragen implizieren dagegen eine Klimawandelperspektive von vielen Jahren bis hin zu einigen Jahrzehnten. Aus diesem Grund geht das Antwortverhalten anscheinend in zwei Richtungen. Es wird deutlich, dass sich eine Mehrheit kurzfristig gut geschützt sieht, in der langfristigen Perspektive dagegen Handlungsbedarf gesehen wird.

Besonders symptomatisch sind die Antworten der Fragen eins und zwei für die Einstellung in Bremen: Bislang ist alles gut gegangen, in Zukunft unter anderen Bedingungen aber wird sich dies womöglich ändern. In dieselbe Richtung zeigen neben der in Frage eins im Vergleich zu Hamburg pessimistischeren Sicht in Bremen ebenfalls auch die Antworten auf die zweite Frage, nach der Gewährleistung der Sicherheit durch die bestehenden Schutzeinrichtungen. Dies beurteilt man in Hamburg optimistischer (75,5% Zustimmung) als in Bremen (70,4% Zustimmung).

*Tabelle 29: (Frage 23) Zusammenhang zwischen Hochwasser und Klima*

| Erhebung Risikokultur in Hamburg und Bremen 2005 | | | |
|---|---|---|---|
| Angaben in % positiven Nennungen* | Gesamt | Bremen | Hamburg |
| Wegen der Gefahr eines zukünftigen Klimawandels sollte der Hochwasserschutz in Bremen/Hamburg verstärkt werden. | 81,5 | 85,2 | 77,8 |
| Die bestehenden Hochwasserschutz-Einrichtungen in Bremen/Hamburg werden die Sicherheit bei anstehenden Hochwasserereignissen gewährleisten. | 73,0 | 70,4 | 75,5 |
| Der Klimawandel wird in einigen Jahrzehnten in Bremen/Hamburg zu Hochwasserereignissen führen, vor denen die jetzigen Schutzeinrichtungen keine Sicherheit bieten können. | 72,3 | 71,3 | 73,2 |
| Der mögliche Klimawandel rechtfertigt im Moment noch keinen kostspieligen Ausbau der Deiche und anderer Hochwasserschutzanlagen in Bremen/Hamburg. | 45,4 | 44,5 | 46,2 |

*(positive Nennungen = stimme zu + stimme eher zu)
Input: Bei den nun folgenden Aussagen geht es um den Zusammenhang von Hochwasser und Klima. Bitte geben Sie jeweils an, inwieweit Sie ihnen zustimmen.

In die entgegengesetzte Richtung zielt die letzte Frage aus der Tabelle, sie findet daher auch die geringste Zustimmung mit insgesamt 45,4%. Dieser Anteil möchte derzeit keinen Ausbau der Deiche und Hochwasserschutzanlagen vor

Ort. Womöglich möchte man erst einmal abwarten und genauere Erkenntnisse über zukünftige Entwicklungen gewinnen.

Zusammengefasst kann festgehalten werden, dass im Denken folgender Zusammenhang existiert: der Klimawandel wird kommen – der Klimawandel ist vom Menschen gemacht – der Klimawandel ist kaum mehr zu verhindern – der Klimawandel stellt für die Zukunft eine Gefahr dar. Dass dies für das Lebensgefühl der Menschen in einer Stadt am Wasser einen hohen Stellenwert einnimmt, deren Einwohnerinnen und Einwohner in ihrem Alltag ständig mit der Gegenwart von Wasser konfrontiert sind, ist selbstverständlich.

Bewertung: Ist der HW-Schutz auf die Zukunft vorbereitet?

Die Zukunftsfähigkeit des Hochwasserschutzes wird von den meisten Befragten kritisch eingeschätzt. Als fehlend wird u.a. ein funktionierendes Frühwarnsystem empfunden. Die Landwirte bescheinigen dem Hochwasserschutz mangelnde Zukunftsfähigkeit, da im Ernstfall sehr viel von dem spontanen Engagement der Landwirte und ehrenamtlichen Helfer, wie der Freiwilligen Feuerwehr, abhinge und fordern eine ganzheitliche Organisation mit allen flussgebietsbezogenen Deichverbänden, Sperrwerken, Pumpen etc., um eine gleichmäßige Belastung und einen geregelten Abfluss zu gewährleisten und bessere Entschädigungssysteme für überproportional Belastete. Die Senioren sind gespaltener Meinung. Einige fühlen sich weitgehend geschützt und vertreten, andere weisen auf Mängel in Sachen Finanzierung, Vorsorge und Partizipation hin und sehen das Beheben dieser Mängel als notwendig an, um Zukunftsfähigkeit herzustellen. Die Eigenheimbesitzer zeigen wenig Zukunftsbezug beim Hochwasserschutz, bewegen sich in ihrem Denken eher in der Gegenwart, indem sie Kosten und Nutzen abwägen und davon ausgehen, dass, solange nichts passiert und man nichts in der Zeitung liest, wohl für alles gesorgt ist: „Der Deichbeitrag soll ja nicht unbedingt steigen, aber eigentlich ist mir wichtig, dass die einen guten Job machen, ihre Sache ernst nehmen."

Zweifel bestehen allerdings bezüglich der verfügbaren Ausweichflächen, auch wird gefragt, ob Deiche und Sperrwerke bei zunehmenden Wassermengen ausreichen. Die Schüler fühlten sich nicht im Stande, die Zukunftsfähigkeit des Hochwasserschutzes einzuschätzen.

In puncto Klimawandel ist überall eine große Verunsicherung festzustellen. Bis auf die Landwirte, die in den Veränderungen des Klimas natürliche Schwankungen zu erkennen meinen, sind alle anderen drei Fokusgruppen von einem anthropogenen Klimawandel überzeugt. Dennoch meinen auch die

Landwirte einen Wetterwandel zu beobachten. Ein Eigenheimbesitzer formuliert symptomatisch:

> „Wenn jetzt kein Klimawandel vor uns liegen würde, würde ich nicht die Sorge haben, und jetzt eben durch diese Unwägbarkeit des wandelnden Klimas, denke ich, ist die Sorge schon eher dann gegeben."

Anlass zur Sorge haben die Beteiligten also, nur weiß man nicht, was kommen wird. Ein Schüler dazu:

> „Aber es gibt doch irgendwie, weiß nicht, zweihundert Klimamodelle, die sich alle widersprechen von irgendwelchen Super-Computern, es gibt doch ganz viele widersprüchliche Klimainformationen."

Rückblickend kann man das Jahr 2006 als einen Wendepunkt in der Klimawandeldebatte bezeichnen, erst in der zweiten Jahreshälfte wurden die in den Medien gestreuten Befunde zum Klimawandel eindeutiger. In der Aussage des Schülers ist die typische damalige Unsicherheit manifestiert. Die Schüler haben den damals aktuellen Film zum Klimawandel „The Day after Tomorrow" gesehen und arbeiten sich daran ab. Sie sind sich allerdings sicher, dass es so drastisch nicht kommen wird. Die Senioren diskutieren in der Fokusgruppe Szenarien vom Untergang Niedersachsens – und zwar nicht, ob dieser Eintreten wird, sondern vielmehr wann. Es wird von den Senioren auch überhaupt nicht ins Feld geführt, dass sie selbst nicht mehr so lange leben wie andere, sie wägen sorgfältiger als die anderen Gruppen ab, in welchen Zeiträumen ein Klimawandel sich vollziehen könnte.

Angesichts dieser Einstellung können die Teilnehmenden ihre Zukunftseinschätzung entsprechend nur auf unsicheren Abschätzungen vornehmen. Es kursieren die unterschiedlichsten Einschätzungen der zukünftigen Entwicklungen. Diese fast ausschließlich negative Kontrastfolie lässt dann im Denken der Einzelnen die heutige Perspektive als vergleichsweise harmlos erscheinen. Diese Kontrastierung lässt sich in den Fokusgruppen anhand der zeitlichen Kontingenz deutlich beobachten.

Die Reaktionsmöglichkeiten sind nach Ansicht aller Fokusgruppen begrenzt. Eine Reflexion fokussiert vereinzelt auf das Mobilitätsverhalten von sich selbst oder von anderen. Meist empfindet man sich als machtlos und die eigenen Handlungen als unbedeutend – besonders im Vergleich zu den immer gern herangezogenen USA. Nahezu ausnahmslos wird ein Verständnis an den Tag gelegt, das den globalen Zusammenhängen dieser Thematik gerecht werden möchte.

## Die Risikorepräsentation der Bürger 121

Sind die Bürgerinnen und Bürger zufrieden mit der Darstellung des Klimawandels in den Medien?

Weitenteils muss man das bejahen, denn insgesamt 68,4% der Befragten meinen, der Klimawandel werde im Großen und Ganzen angemessen dargestellt. Eine Minderheit von 11,9% hält die Berichterstattung für aufgebauscht, knapp jede fünfte Person (19,6%) hält sie dagegen für eher verharmlosend. Zwischen den beiden Städten der Befragung gibt es in diesem Aspekt keine nennenswerten Unterschiede.

Wer sind die Personen, die die Thematik für aufgebauscht oder verharmlost halten?

Es lassen sich aus den Daten der Repräsentativbefragung für drei Merkmale Zusammenhänge beschreiben. Erstens ist es das Einkommen – je niedriger das Einkommen, desto eher ist man der Meinung, die Thematik werde verharmlost. Zweitens ist es das Geschlecht – Männer erachten die Berichterstattung eher als aufgebauscht (13,9%) als Frauen (10,1%), dafür seltener als diese als verharmlosend (13,6% gegenüber 25,1%). Drittens sind es die Jüngsten und die Ältesten, die mit 15,4% bzw. 15,6% die Aufbauschung benennen. Die 27-42-jährigen geben dagegen die Verharmlosung an (31,9%).

Zwei speziellere Fragen runden den Themenbereich des Klimawandels ab. Zum einen wurden die Teilnehmenden gefragt, ob sich wegen der Hochwasser und Wetterextreme der letzten Zeit an ihrer Bereitschaft etwas geändert habe, etwas gegen den Klimawandel zu tun. 65,1% beantworten dies mit „ja" oder „eher ja", 34,9% antworten verneinend.

Zum anderen fragten wir nach der Einschätzung, ob die Fluterereignisse in Deutschland von 2002 als Ausdruck des Klimawandels interpretiert werden. Hier stellt eine Mehrheit von 53,5% einen Zusammenhang her, 46,5% sehen keinen Zusammenhang.

Die Medienlandschaft und die Informationsgewinnung zu Hochwasserrisiken

Woher gewinnen die Einwohner ihre Informationen und welche Rolle spielen die Medien dabei? Um diese Fragen geht es in diesem Abschnitt.

In Abbildung 6 sind die Informationswege nach absteigender Häufigkeit der positiven Nennungen dargestellt, nach denen wir gefragt haben.

*Abbildung 6: Wertigkeit von Informationsmitteln im Hochwasserschutz*

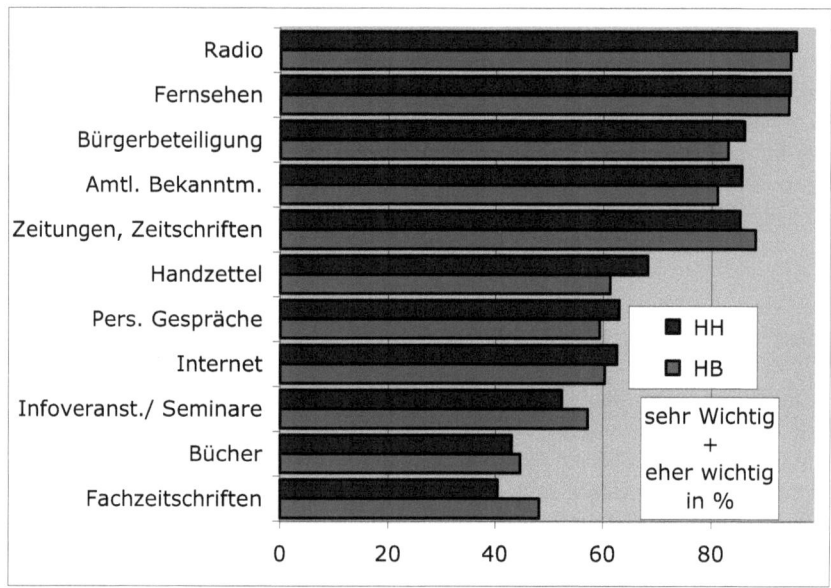

*(positive Nennungen = sehr wichtig + eher wichtig)
Input: Sagen Sie mir bitte, wie wichtig für Sie die folgenden Mittel sind, um Informationen zu Hochwasserrisiken in Ihrer Stadt zu bekommen.

Am bedeutsamsten sind in Hamburg und Bremen die klassischen Medien, Radio und Fernsehen. Dass das Radio dabei knapp vor dem Fernsehen rangiert, ist durchaus bemerkenswert, da in den meisten anderen Bereichen des Lebens das Fernsehen für deutlich wichtiger befunden wird. Auf Platz drei folgen in Hamburg bereits Verfahren der Bürgerbeteiligung, in Bremen Zeitschriften und Zeitungen. Überraschend ist hier für beide Städte der große Stellenwert von Partizipationsverfahren im Hochwasserschutz. Zur Komplettierung der Top-Fünf der Informationsgewinnung fehlen hier letztlich noch die amtlichen Bekanntmachungen. Auf einem dieser fünf Wege bekommen die betroffenen Einwohner einen Großteil ihrer Informationen.

Mit einigem Abstand in der Wertigkeit folgen Handzettel, persönliche Gespräche sowie das Internet. Ein wenig überraschend ist der vergleichsweise geringe Stellenwert des Internets für diesen Themenbereich. Entweder ist dies ein Hinweis auf das zur Zeit nicht zufrieden stellende Internet-Angebot, oder aber das Ergebnis zeugt von der Skepsis gegenüber Online-Hochwasser-

Informationen. Gegen die erste These spräche die geringe Differenz zwischen den beiden Befragungsorten, die wegen des doch sehr unterschiedlichen Angebots in beiden Städten stärker auseinander klaffen müsste. Hier sei nur am Rande angemerkt, dass in Hamburg mehr und ausführlichere Informationen zum Thema Hochwasser im Internet zu finden sind.

In der Abbildung fällt auf, dass mit drei Ausnahmen die Werte der Bremer Befragten geringer ausfallen als die der Hamburger. Diese drei Bereiche sind „Zeitungen und Zeitschriften", „Infoveranstaltungen und Seminare" und „Fachzeitschriften". Es lässt sich kaum mutmaßen, warum ausgerechnet diese drei in Bremen beliebter als in Hamburg sind, jedoch fällt auf, dass gerade diese drei als eher fachspezifisch-elaborierte Kanäle bezeichnet werden können.

„Was verschweigen, soll man nie!"

Bei der überwiegenden Zahl der Teilnehmer der vier Fokusgruppen ist eine generelle Aufgeschlossenheit gegenüber Informations- und Partizipationsverfahren auszumachen. Eine Eigenheimbesitzerin bringt es programmatisch auf den Punkt:

„Es geht es ja nicht darum, Ängste zu schüren oder Panik zu machen, das wäre ja auch der verkehrte Weg, aber man sollte so ein Bewusstsein bei den Leuten hinkriegen, dass sie sich doch mal damit auseinander setzen!"

Lediglich ein Schüler fragt sich:

„Bringt einem das denn was, wenn man informiert ist, bei Deichen, bringt einem das was, kann man da noch irgendwas gegen machen?"

Für ihn steht die Frage nach dem Nutzwert der Informationen im Vordergrund. Dies bleibt aber der einzige Einwand gegen eine gute Informationsstrategie. Zum Vergleich wird hier stets auf Hamburg hingewiesen und zugleich auf die dortige Historie mitsamt der Erfahrung aus der 1962er-Flut verwiesen, die in Bremen eben noch fehlt. Überhaupt fehlen eigene Bremer Geschichten (Im Sinne von *Oral History*) zum Thema Hochwasser, mit einer Ausnahme: der Deichbruch am Werder-See. Ansonsten verblassen die Geschichten, und damit schwindet die Relevanz der Thematik:

„Also, ich kenne hier auch Hochwassergeschichten vom Anwohner, der schon seit zwanzig Jahren nicht mehr lebt und der hat es auch nur erzählt von seinen Eltern, dass die es mal hatten und im wahrsten Sinne Hochwasser, ich hab jetzt zu lange nichts gelesen."

Insgesamt variieren allerdings die bevorzugten Zugänge der Akteure und deren Ansprüche an die Verfahren. Einigkeit besteht darin, dass ein breites Interesse an Kommunikation sich erst im akuten Fall rasch entwickeln würde. In diesem Falle aber wäre das Interesse in der Bevölkerung nach Einschätzung der Teilnehmenden sehr groß.

Konkret haben wir, wie beschrieben, nach vier konkreten Informationskanälen gefragt. In diesem Zusammenhang fiel auf, dass Radio und Fernsehen die Nummer eins auch für Hochwasserinformationen sind. „Das schnellste ist doch Radio und Fernseher, viel schneller als jede Zeitung." Die Vorzüge sind Reaktionsschnelligkeit und Verbreitung. Lediglich für die Verbreitung sachlicher Informationen im Vorfeld werden Flyer und Zeitung bevorzugt (siehe unten). Hier wird dem Fernsehen Sensationsjournalismus vorgeworfen, z.B.:

„Und als das Wasser wieder weg war, es ist auch wieder klar, dass die Sandsäcke auch immer wieder ausgeschüttet wurden, das ist von keinem gezeigt worden. Und das ist mit Sicherheit genauso viel Arbeit!"

Dieses Zitat zeigt stellvertretend für andere: Wenn die klassischen Massenmedien, das Fernsehen und das Radio, auf der Ebene der Quantität als am bedeutsamsten eingeschätzt werden, so wird ihnen ebenso als Kehrseite der Medaille besondere Flüchtigkeit und eine spezifische Eigenlogik zugeschrieben. Daraus kann gefolgert werden, dass auch für die Befragten die quantitative Präsenz eines Informationskanals nicht immer primär von Bedeutung ist.

Flyer

Die Flyer haben die positivsten Reaktionen hervorgerufen. Bis auf die Landwirte würden alle Gruppen grundsätzlich für einen Flyer per Post plädieren. Das Schwierige sei, das Interesse der Adressaten zu wecken. Hier wird empfohlen, die Bewusstmachung der eigenen Betroffenheit zu fördern, für die Eigenheimbesitzer sind der Eigenbezug und der praktische Nutzen entscheidend, für die Schüler Regelmäßigkeit und eine bestimmte Frequenz. Der Vorteil für die Senioren ist die direkte Lenkung ihrer Aufmerksamkeit auf die Post: „Weil man die Post ja immer leicht sieht, ja".

Die Landwirte fänden Flyer persönlich nicht nützlich, sie räumen aber einen möglichen Nutzen für die Stadtbevölkerung ein. Die Gruppe sieht für sich durch ihren direkten Kontakt zur Natur keine Notwendigkeit, sich von außen Informationen einzuholen:

„Wir sind alle so informiert! Wir wissen, wenn das Wasser hochkommt... was passiert, wissen wir!"

## Zeitungsartikel

Wie brauchbar Zeitungen als Informationsweg sind, wird unterschiedlich eingeschätzt. Zeitungsartikel seien nichts für akute Situationen („Bei Sturmfluten kommt ein Zeitungsartikel ja meistens zu spät!"), aber sie haben Informationspotenzial, das durch Fernsehen und Radio nicht bedient werden kann, denn sie bieten Platz für Ausführlichkeit. Vereinzelt wird die Berichterstattung der lokalen Zeitungen als parteilich und unkritisch bezeichnet.

Die Landwirte sehen sie als unbrauchbar an, rechtzeitig, aktivierend und ausreichend zu informieren. Von den Eigenheimbesitzern, den Senioren und den Schülern wird dem Informationsweg *Zeitung* generell als Medium eine eingeschränkte, aber nicht genutzte Eignung attestiert. Als mögliche effektive Kommunikationsalternativen wird auf zusätzliche Beilagen oder Extrablätter in Zeitungen verwiesen. Überraschend ist, dass in allen Fokusgruppen auf das bislang nicht genutzte Informationspotenzial von Zeitungen verwiesen wird.

## Das Internet

Das Internet wird von allen Gruppen überaus kritisch betrachtet. Es nütze zwar als Informationskanal um einerseits als hilfreich empfundene Hintergrundinformationen zu erhalten oder Betroffenheit und Präventionsmöglichkeiten zu transportieren. Andererseits sei allerdings diese Option in allen Fokusgruppen nur für einige Teile der Bevölkerung von Relevanz, so habe nicht jeder einen Internetzugang sowie das technische Interesse oder die Fähigkeiten dazu.

Beim Thema Internet sind die Landwirte am distanziertesten, hier ist es abermals der direkte Rückgriff auf die eigene Erfahrung, der bevorzugt wird:

„Wir Landwirte gucken uns das nicht an, wir brauchen uns nur die Flüsse anzugucken und sehen die Pegelstände, und da brauche ich nicht ins Internet für gucken."

Die Möglichkeit einer langfristigen und präventiven Information wird in ihrem Nutzwert von ihnen stark unterbewertet und im akuten Falle sogar als völlig unnütz verworfen.

Die Schüler sind zwar fast alle auf diesem Wege erreichbar, aber überraschenderweise eher desinteressiert. Die meisten Personen, die sie kennen, hätten am Thema kein Interesse, und im Katastrophenfall, wenn man schnell Informationen benötige, sei der Strom weg. Lediglich eine Schülerin äußert sich positiv:

„Ja, um zu gucken, ob ich täglich gefährdet bin oder monatlich, würde ich das vielleicht schon nutzen."

Bei den anderen beiden Fokusgruppen ergibt sich ein sehr gemischtes Bild, wobei die gegenüber der Nutzung des Internets generell sehr aufgeschlossenen Senioren der Fokusgruppe zwar kaum Erfahrung mit diesem Medium haben, aber Neugierde gegenüber einer Hochwasserwebsite äußern.

Die Eigenheimbesitzer sind etwas weniger motiviert und zeigen differenzierte Meinungen und Kenntnisse. Der Nutzen im Falle einer akuten Bedrohung durch Hochwasser wird aber durchweg angezweifelt (Stromabhängigkeit, Zugang, Gegenwärtigkeit). Vereinzelt wird in allen Gruppen darüber hinaus die Vertrauenswürdigkeit des Internets in Frage gestellt.

Es wird von den Teilnehmenden dringend empfohlen, für eine neue Website ausgiebig zu werben, sofern sie für die Öffentlichkeit freigeschaltet wird, z.B. auf großen Werbeplakaten und über „andere" Medien. Per Zufall würden Leute nicht auf diese Seite stoßen, lautet ein wiederholt geäußerter Einwand. Wichtig sei auch, dass die Navigation unterstützt werden müsse (einfache Bedienbarkeit, anwenderorientierter Service).

Nach zwei Informationswegen haben wir genauer gefragt, nämlich nach der Ausführlichkeit der Berichterstattung von Zeitung, Radio und Fernsehen, sowie nach der Berichterstattung durch die Behörden.

In Hamburg geben 74,1% der befragten Personen an, die Medieninformationen seien „sehr ausführlich" oder „eher ausführlich", in Bremen geben dies lediglich 56,7% an. Dies ist ein deutlicher Unterschied, der auf eine offensichtliche Schieflage hinweist. Die Bremer Bevölkerung ist demnach weit davon entfernt, Zufriedenheitsgrade mit dem Umfang des Informationsflusses ihrer lokalen Medien wie in Hamburg zu erreichen. Sie zeigt zugleich, dass es ein breites und großes Bedürfnis nach mehr Medieninformationen in der Bremer Bevölkerung gibt, und diese also der Thematik nicht mit Desinteresse gegenübersteht.

*Tabelle 30: (Frage 14) Berichterstattung über Risiken einer Hochwasserkatastrophe*

| Erhebung Risikokultur in Hamburg und Bremen 2005 | | | |
|---|---|---|---|
| Angaben in % der Nennungen | Gesamt | Bremen | Hamburg |
| - wie ausführlich die Medien, also Zeitungen, Radio und Fernsehen, berichten | | | |
| Sehr ausführlich | 20,9 | 14,9 | 26,9 |
| Eher ausführlich | 44,5 | 41,8 | 47,2 |
| Eher nicht ausführlich | 27,5 | 33,5 | 21,6 |
| Nicht ausführlich | 7,0 | 9,8 | 4,3 |
| Mittelwert* | 2,2 | 2,4 | 2,0 |
| - wie ausführlich die verantwortlichen Behörden in Ihrer Stadt berichten | | | |
| Sehr ausführlich | 12,0 | 5,2 | 18,5 |
| Eher ausführlich | 37,4 | 31,2 | 43,4 |
| Eher nicht ausführlich | 38,6 | 48,3 | 29,2 |
| Nicht ausführlich | 12,0 | 15,2 | 8,9 |
| Mittelwert* | 2,5 | 2,7 | 2,3 |

*(sehr ausführlich = 1, eher ausführlich = 2, eher nicht ausführlich = 3, nicht ausführlich = 4)
Input: Ab und zu wird über die Risiken eines Hochwassers in Bremen [Hamburg] berichtet. Bitte schätzen Sie ein, ... (!)

Noch größer ist die Differenz bei der zweiten Frage nach der Ausführlichkeit der Berichterstattung der verantwortlichen Behörden in der Stadt. Während in Hamburg 61,9% die Information durch die Behörden eher für umfangreich halten, sind dies in Bremen gerade einmal 36,4%. Damit ist das Hauptdefizit in den Augen der Befragten ausgemacht und liegt im nicht ausreichenden Umfang der Berichterstattung durch die verantwortlichen Bremer Behörden.

Neben diesen auf die Quantität abzielenden Fragen haben wir nach der Beurteilung der inhaltlichen Ausrichtung der Medienberichterstattung über Organisation und Maßnahmen des Hochwasserschutzes gefragt. Hier weichen die Antworten in den beiden Städten kaum voneinander ab, insgesamt 74,9% halten die Berichterstattung für angemessen, zudem 20,7% für zu unkritisch. Nur 4,5% finden, die Berichterstattung sei zu kritisch.

*5.1.4 Nachhaltigkeitswahrnehmung und -kommunikation*

Den dritten Themenkomplex unserer repräsentativen Umfrage überschreiben wir mit dem Begriff der Nachhaltigkeitskommunikation. In der Hauptsache betrifft dies für das vorliegende Untersuchungsfeld den weiten Bereich der politischen Partizipation der betroffenen Bevölkerung. Die Idee und die Vorzüge einer möglichen Teilhabe an Entscheidungsprozessen wurden im grundlegenden theoretischen Teil dieses Buchs dargelegt, aber wie sieht es mit der Realität aus?

Partizipation der Bevölkerung

Ein wichtiger Aspekt des Hochwasserschutzes ist die Beteiligung der betroffenen Bevölkerung. Diese Beteiligung wird in der neuen Wasserrahmenrichtlinie der Europäischen Union ausdrücklich angemahnt. Beteiligung ist in allen Phasen des Hochwasserschutzes nötig, sei es in der Planung von Maßnahmen oder in deren Umsetzung, von denen die Bevölkerung in verschiedener Weise betroffen ist. In der Wasserrahmenrichtlinie der EU werden die drei Beteiligungsmodi *Informationsvermittlung*, *Anhörung* und *aktive Beteiligung* unterschieden und erwähnt.

Im Wesentlichen sprechen zwei starke Argumente für die Einbettung in die Wasserrahmenrichtlinie allgemein und die Einbettung ins Themenfeld im Besonderen. Zunächst ist dies die direkte Betroffenheit der Bevölkerung, sie muss letztlich die Mittel aufbringen und ist von stadtplanerischen Maßnahmen, baulichen und grundstücksrechtlichen Fragen berührt. Auch bei der Prävention von Hochwassern und der Konzeption von Katastrophenplänen sind alle Bürgerinnen und Bürger unmittelbar betroffen und daher in Beteiligungsformen gefragt. Das andere Argument ist schlichtweg ein pragmatisches und geht davon aus, dass Verfahren der Bürgerbeteiligung die Qualität und Effektivität von Maßnahmen steigern können. Hierbei ist auf die bereits erwähnte veränderte Gewichtung des Stellenwertes zu verweisen: vermehrt zu Lokalem zu Ungunsten des Überregionalen.

Wir haben erstens danach gefragt, welche Formen der Öffentlichkeitsbeteiligung bekannt sind, und zweitens, an welchen von diesen man bereits einmal teilgenommen hat. Tabelle 31 listet die von uns vorgegebenen Beteiligungsformen ihrer absteigenden Bekanntheit nach auf. Beide Fragen richteten sich nicht auf den Kontext Hochwasser, sondern auf die Öffentlichkeitsbeteiligung, ohne einen spezifischen Themenhintergrund zu nennen.

Mit dem größten Bekanntheitsgrad stehen in Hamburg und Bremen gleichermaßen Bürgerversammlungen, Diskussionsrunden und Ortsbegehungen ganz vorne. Es folgt die Form der Arbeitsgruppe, die in Hamburg bekannter ist, sowie die Beirats- oder Ausschusssitzung, die in Bremen auffällig häufiger genannt wird. Weniger als drei Viertel der Befragten kennen den Runden Tisch, den Workshop oder das Forum. Das Planfeststellungsverfahren wird mit insgesamt 65,5% Nennungen in Bremen wesentlich häufiger genannt als in Hamburg. Gut jede zweite Person kennt Verbandsbeteiligungen. Eher selten angeführt werden die beiden letzten Formen der Tabelle, die Zukunftswerkstatt und die Planungszelle. Im Mittel werden 7,9 aller von uns aufgeführten Formen gekannt – die beiden Städte unterscheiden sich hierin nicht. Die Anzahl der benannten Formen der Öffentlichkeitsbeteiligung hängen zusammen mit dem Bildungsgrad und dem Haushaltseinkommen: je höher eines der beiden ist, desto mehr Formen werden gekannt.

*Tabelle 31: (Frage 30) Bekannte Formen der Öffentlichkeitsbeteiligung*

| Erhebung Risikokultur in Hamburg und Bremen 2005 | | | |
|---|---|---|---|
| Angaben in % der Nennungen | Gesamt | Bremen | Hamburg |
| Bürgerversammlungen | 90,9 | 90,8 | 91,0 |
| Diskussionsrunden | 85,3 | 86,0 | 84,5 |
| Ortsbegehungen | 82,8 | 82,3 | 83,3 |
| Arbeitsgruppe | 80,4 | 77,5 | 83,3 |
| Beirats- oder Ausschusssitzungen | 78,5 | 85,3 | 71,8 |
| Runder Tisch | 74,9 | 73,0 | 76,8 |
| Workshop | 69,4 | 68,5 | 70,3 |
| Forum | 68,4 | 66,3 | 70,5 |
| Planfeststellungsverfahren | 65,5 | 60,3 | 70,8 |
| Verbandsbeteiligungen | 52,9 | 54,0 | 51,8 |
| Zukunftswerkstatt | 25,6 | 24,8 | 26,5 |
| Planungszelle | 19,4 | 17,3 | 21,5 |

Input/Frage: Kennen Sie einige von den folgenden Formen der Öffentlichkeitsbeteiligung? Bitte nennen Sie alle, die Sie kennen.

Beim Alter ergibt sich ein umgekehrt U-förmige Verteilung (siehe folgende Abbildung).

*Abbildung 7: Bekanntheit von Formen der Öffentlichkeitsbeteiligung nach Altersklassen*

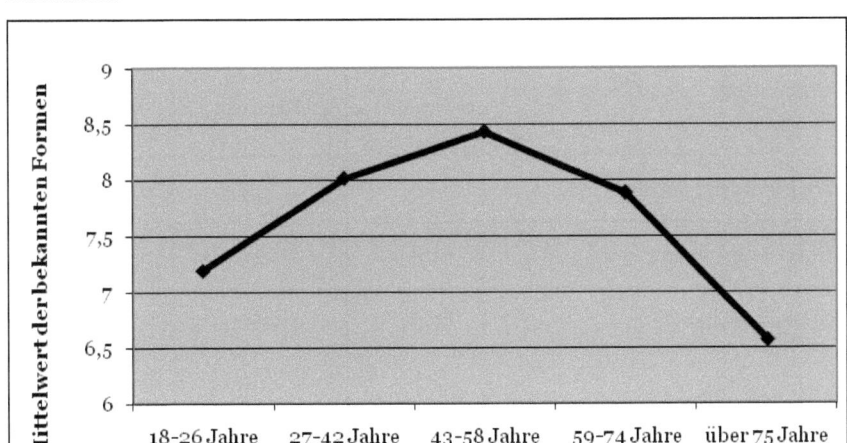

Wie viele Bürgerinnen und Bürger haben bereits an einem Verfahren der Öffentlichkeitsbeteiligung teilgenommen?

Die meisten Teilnahmen verzeichnen die vier Formen, die zugleich den höchsten Bekanntheitsgrad haben.

Der große Unterschied zwischen Bremen und Hamburg ist, ebenfalls entsprechend dem Bekanntheitsgrad, die vergleichsweise größere Beliebtheit der Beirats- und Ausschusssitzungen. In Bremen ist dies die drittbeliebteste Variante der Öffentlichkeitsbeteiligung, in Hamburg steht sie nur an Platz sieben. Hinter dem Workshop fallen die Werte der weiteren sechs Verfahren deutlich ab. Forum, Runder Tisch und Planfeststellungsverfahren erfreuen sich in Hamburg größerer Beliebtheit als in Bremen. Am Ende schließt die Liste mit zwei derzeit hier wie dort nahezu unbekannten Formen ab, der Zukunftswerkstatt und der Planungszelle, 5,8% bzw. 3,9% haben daran bereits einmal teilgenommen.

*Tabelle 32: (Frage 31) Teilnahme an Formen der Öffentlichkeitsbeteiligung*

| Erhebung Risikokultur in Hamburg und Bremen 2005 | | | |
|---|---|---|---|
| Angaben in % der Nennungen | Gesamt | Bremen | Hamburg |
| Diskussionsrunden | 54,3 | 52,2 | 56,3 |
| Bürgerversammlungen | 51,4 | 53,0 | 49,9 |
| Arbeitsgruppe | 41,8 | 40,6 | 42,9 |
| Ortsbegehungen | 36,2 | 35,0 | 37,5 |
| Beirats- oder Ausschusssitzungen | 32,1 | 41,1 | 23,0 |
| Workshop | 31,6 | 30,6 | 32,6 |
| Forum | 20,6 | 17,2 | 24,0 |
| Runder Tisch | 20,2 | 18,0 | 22,5 |
| Planfeststellungsverfahren | 16,8 | 14,1 | 19,4 |
| Verbandsbeteiligungen | 15,2 | 14,7 | 15,8 |
| Zukunftswerkstatt | 5,8 | 6,4 | 5,2 |
| Planungszelle | 3,9 | 1,3 | 6,5 |

Input/Frage: Haben Sie daran schon mal teilgenommen? Bitte nennen Sie alle, an denen Sie schon einmal teilgenommen haben.

Im Durchschnitt haben die Befragten an 2,9 verschiedenen Formen der von uns abgefragten Verfahren der Öffentlichkeitsbeteiligung teilgenommen. Auch hier gibt es zwischen den beiden Untersuchungsräumen keine Unterschiede. Mit

24,4% hat knapp ein Viertel der Befragten noch an keinem Verfahren teilgenommen.

Die Teilnahme hängt abermals von der Bildung, dem Alter und dem Einkommen ab, in gleicher Weise, wie die Bekanntheit (siehe oben). Beim Alter allerdings weicht der Zusammenhang von dem Obigen ab. Es stellt sich heraus, dass die Jüngsten zwar die wenigsten Formen kennen, aber den geringsten Anteil der Nicht-Teilnahme aufweisen (siehe Abbildung 8).

*Abbildung 8: Nicht-Teilnahme an einer Form der Öffentlichkeitsbeteiligung nach Altersklassen*

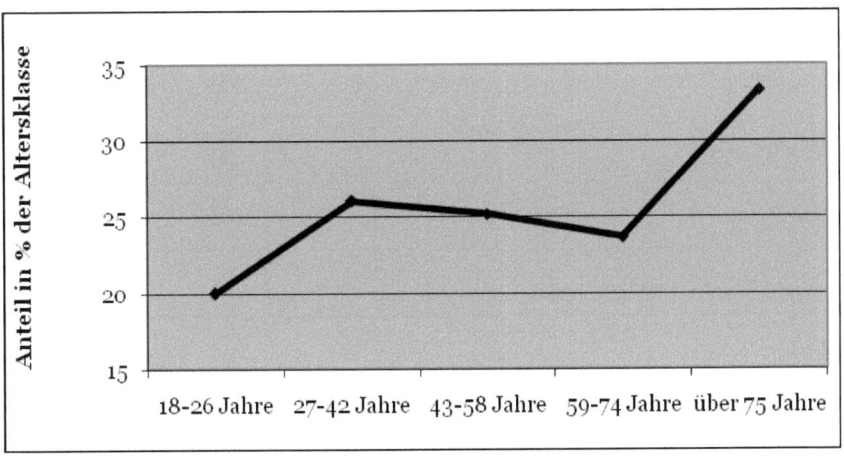

Bei den Ältesten gibt es diese Diskrepanz nicht, sie kennen wenig Formen und haben bislang wenig teilgenommen. Insgesamt, wenn man hier einen Kohorteneffekt unterstellt, muss man die gesamten Formen der Teilhabe an Entscheidungen nach diesen Daten eher als eine Domäne der Jüngeren bezeichnen.

Multivariate Analysen zur Partizipation

Für weitere Untersuchungen haben wir zunächst die Partizipationsformen einer explorativen Faktorenanalyse unterzogen.

*Tabelle 33: Faktorenzuordnung der Partizipationsformen(Teilnahme) in der Zweifaktorenlösung*

| Erhebung Risikokultur in Hamburg und Bremen 2005 | | |
|---|---|---|
| | Faktor | Faktorladung |
| Workshop | 1 | .805 |
| Arbeitsgruppe | 1 | .745 |
| Forum | 1 | .663 |
| Diskussionsrunden | 1 | .644 |
| Runder Tisch | 1 | .564 |
| Planfeststellungsverfahren | 2 | .671 |
| Bürgerversammlungen | 2 | .654 |
| Ortsbegehungen | 2 | .617 |
| Verbandsbeteiligungen | 2 | .586 |
| Beirats- oder Ausschusssitzungen | 2 | 576 |

Rotierte Faktorladung nach Varimax, Extraktionsmethode Hauptkomponentenanalyse.

Dabei zeigte sich, dass die beiden Formen „Zukunftswerkstatt" und „Planungszelle" nicht verwendet werden konnten, weil die Streuung zu gering war. Aus den übrigen zehn Items lies sich eine solide Lösung mit zwei Faktoren berechnen, wie sie in der Tabelle 33 wiedergegeben ist.

Die Lösung mit zwei Faktoren trennt inhaltlich deutlich hinsichtlich ihres Formalisierungsgrades. Wir unterscheiden daher entsprechend der Lösung die Partizipationsformen mit informellerem Charakter in Faktor 1 und die formelleren Formen in Faktor 2. Das Trennende ist die Rahmung, denn unter den informellen Formen finden wir solche, die eher weniger Regelungen unterworfen sind und die meistens keinen institutionellen Rahmen benötigen. Sie sind initiierbar ohne Behörden, Vereine, Verbände oder dergleichen. Es reicht, wenn beteiligungswillige Bürgerinnen und Bürger diese Formen ohne notwendig großen Vorlauf oder vorausgehende Organisation initiieren. Den formelleren Verfahren des zweiten Faktors unterliegen weitaus mehr Regelungen und Ablaufvorgaben, Selbiges gilt sowohl für die Durchführung als auch für die Initiierung. Eine kleine Besonderheit in Faktor 2 stellt die „Ortsbegehung" dar, denn diese unterliegt eigentlich kaum formelleren Beschränkungen und Regelungen. Dennoch finden sich Anhaltspunkte dafür, dass diese Beteiligungsform meistens an eine externe Verursachung gekoppelt ist, die bereits zu einem vorwiegend formelleren Verfahren geführt hat.

Folgen wir der Einteilung in informelle und formelle Verfahren weiter, dann können wir nähere Erkenntnisse darüber generieren, welche Bevölkerungsgruppen welchen Verfahren zuneigen. Wie sieht es zunächst mit dem Einfluss des Alters auf die Teilnahme an Partizipationsformen aus? Auf den ersten Blick ist der Einfluss des Alters keineswegs groß, der Gesamtmittelwert der Teilnahme ist recht gleichmäßig über die meisten Altersgruppen verteilt. Für einzelne Verfahren zeigt sich lediglich, dass mit zunehmendem Alter die Teilnahme an Bürgerversammlungen, Ortsbegehungen, Verbandsbeteiligungen und Beirats- und Ausschusssitzungen signifikant zunimmt und die an Workshops abnimmt. Hier fällt rasch auf, dass eine Akzentuierung der formellen Verfahren im Alter vorliegt. Entsprechend zeigen sich auch im Hinblick auf die beiden Faktoren interessante Ergebnisse.

*Abbildung 9: Teilnahme an formellen und informellen Partizipationsverfahren und das Alter der Teilnehmenden*

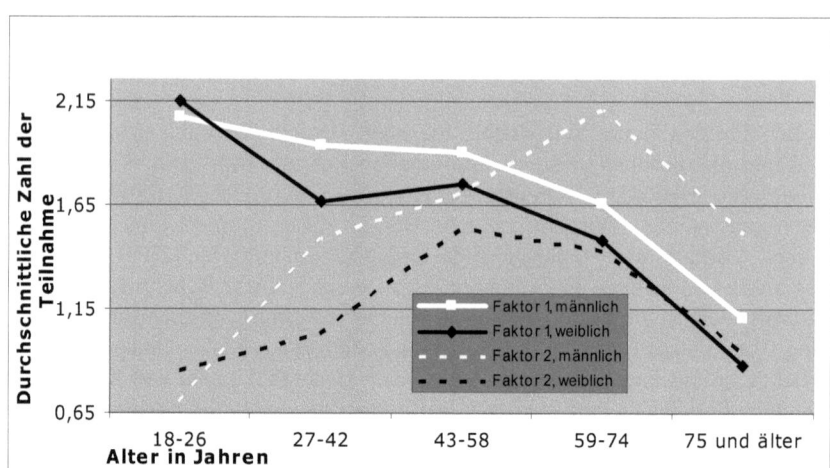

Wie die Abbildung verdeutlicht, gibt es einen beständigen Trend über die Altersgruppen hinweg. Nimmt man einmal die Altersgruppe der über 75-jährigen aus, bei denen die Teilnahmezahlen deutlich absinken, so zeigt sich, dass die Faktoren einen gegenläufigen Trend aufweisen, mit steigendem Alter sinkt die Teilnahme an informellen Verfahren, und die Teilnahme an formellen Verfahren steigt deutlich an. Besonders in der jüngsten Altersgruppe ist die Differenz immens.

Für einzelne Verfahren zeigen sich signifikante Unterschiede hinsichtlich einiger unabhängiger Variablen. So stellt ein grundlegender Faktor das Interesse am Thema *Hochwasser* dar, welches sich auf die Hälfte der Verfahren teilnahmefördernd auswirkt, aber auf keines hemmend. Ein faktorenspezifisches Muster ist hierbei jedoch nicht zu erkennen. Selbiges gilt für die Variable *Sozialkapital*, die sich in vier Fällen als steigernd erweist, in keinem jedoch als hemmend.

Einen Aspekt lohnt es, genauer zu betrachten: die geschlechtsspezifischen Unterschiede. Es zeigt sich, dass Frauen im Durchschnitt eine geringere Teilnahmezahl aufweisen. Für die konkreten Verfahren bedeutet dies, dass Frauen in keinem signifikant vor den Männern liegen, aber in fünf Verfahren die Männer vor den Frauen, dies gilt besonders für die formellen. Berücksichtigt man den Alterseffekt (siehe Abbildung 9) sowie die Tatsache, dass das zahlenmäßige Männer-Frauen-Verhältnis im Alter mehr und mehr in Richtung der Frauen kippt, hätte man einen Überhang der älteren Frauen bei den formelleren Verfahren erwarten können. In Abbildung 10 ist der Zusammenhang zwischen Geschlecht, Alter und den beiden Faktoren verdeutlicht.

*Abbildung 10: Teilnahme an formellen und informellen Partizipationsverfahren nach Geschlecht und Alter*

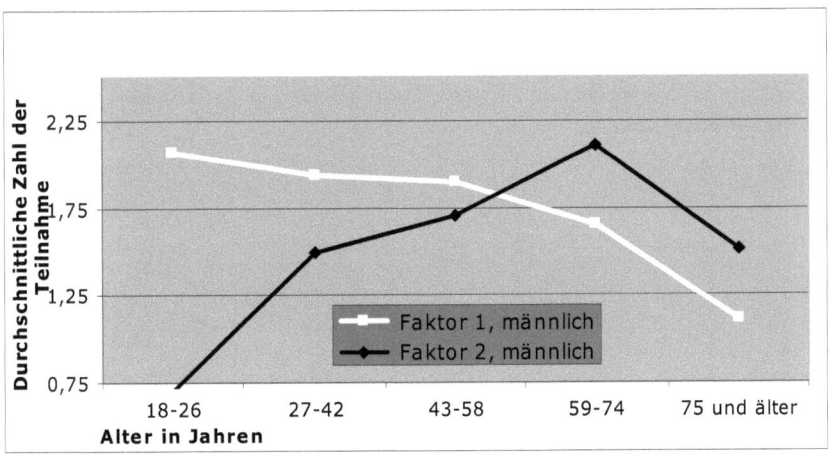

Es zeigt sich, dass in allen Altersgruppen für beide Faktoren die Teilnahmewerte der weiblichen Befragten niedriger sind als die der männlichen. Eine Ausnahme bildet die Gruppe der Jüngsten, unter denen die Frauen geringfügig vorne liegen. Für den Faktor 1, die informellen Verfahren, ist erkennbar, dass der Abstand zwischen Frauen und Männern in etwa gleich bleibt, nur in der Haupt-Elternphase zwischen 27 und 42 Jahren geht der Wert der Frauen etwas zurück. Beim zweiten Faktor finden wir diese Parallelität nicht, der Trend ist demnach uneinheitlich. Sicher kann gefolgert werden, dass die älteren Frauen deutlich geringere Teilnahmewerte aufweisen als ihre männlichen Pendants.

Ausgesprochen auffällig ist, dass die Tatsache, ob man zur Miete oder im eigenen Heim wohnt, einen starken Effekt auf die Teilnahme hat. So findet man unter Eigentümern besonders beim Faktor der formellen Beteiligungsformen signifikant höhere Werte, die nicht allein auf den Alterseffekt zurückgeführt werden können.

Einen letzten Hinweis ergibt sich im Zusammenhang mit der Variable „Bildung". Das klassische Stereotyp, dass bei Beteiligungsverfahren die Gruppe der Lehrer und Senioren überproportional hoch repräsentiert ist, können wir mit unseren Daten nicht ausreichend genau untersuchen, allerdings können wir aufzeigen, dass es einen deutlichen Zusammenhang mit dem Bildungsniveau gibt. Aus Abbildung 11 geht demnach hervor, dass es einen Zusammenhang zwischen dem Bildungsniveau und der Teilnahme an Partizipationsverfahren gibt. Für den Faktor 1, die informelleren Verfahren, ist dieser Einfluss der Bildungsvariable stärker als für Faktor 2, dessen Kurve einen flacheren Verlauf zeigt. Ein Großteil der Differenz zwischen den beiden Faktoren findet sich somit auf dem niedrigen Bildungslevel.

*Abbildung 11: Teilnahme an formellen und informellen Partizipationsverfahren und das Bildungsniveau*

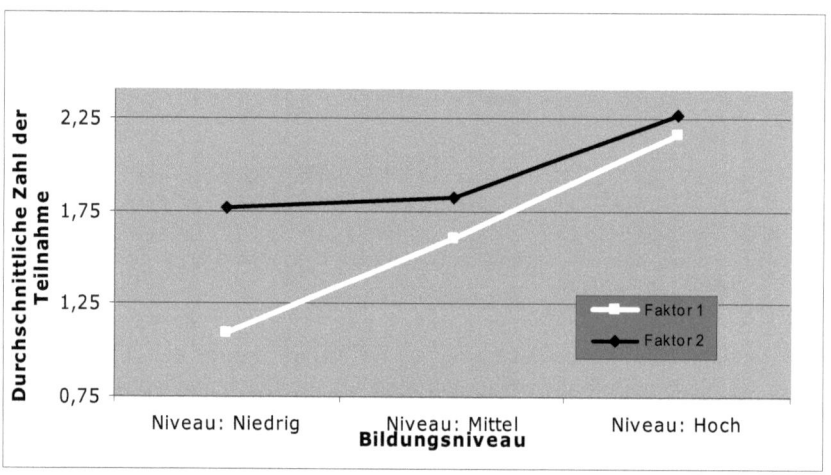

Von den übrigen unabhängigen Variablen ist als bedingt wirkmächtig nur noch die Selbstbeschreibung „vertrauensvoll" zu nennen, die für vier Verfahren einen schwach positiven Zusammenhang zeigt, sowie das Bedrohungsgefühl durch Hochwasser mit drei positiven Zusammenhängen. Etwas überrascht hat uns, dass das Vorhandensein von Kindern keine positiven Effekte zeigt, wie etwa bei der Ausprägung von Umweltbewusstsein – hier dürfte jedoch der stark performative Charakter der Teilnahme den Ausschlag geben, der durch das begrenzte Zeitkontingent der meisten Eltern womöglich ein Hemmnis darstellt.

Ergebnisse aus einer Korrespondenzanalyse zur Partizipation

Über die Faktorenanalyse hinaus interessierte uns, welche weiteren latenten Zusammenhänge sich im Themenfeld der Variablen zu den Partizipationsverfahren aufdecken lassen. Zu diesem Zweck haben wir uns für das Verfahren der Korrespondenzanalyse entschieden, das hier in einer mehrstufigen Darstellungsform verdeutlicht werden soll. Der Unterschied ist nun, dass wiederum alle zwölf Beteiligungsformen einbezogen wurden und nicht, wie noch bei der Faktorenanalyse, lediglich zehn Formen, die ein ausreichendes Maß an Varianz aufwiesen.

Zunächst kann die Korrespondenzanalyse als Validierungsinstrument verwendet werden, um die Ergebnisse der Faktorenanalyse zu prüfen: zeigen sich mehr, weniger oder andere Dimensionen durch die andere Zuordnungslogik? Daneben bietet sie den Vorteil, dass sich Variablen mit verschiedenen Skalenniveaus in die Rechenoperationen integrieren und aufeinander beziehen lassen, solange diese Variablen kategorial sind oder gemacht werden.

Alle drei nun folgenden Korrespondenzanalysen sind mit Hilfe desselben Verfahrens durchgeführt worden. Dieses ist die Homogenitätsanalyse *HOMALS* (Homogenity Analysis of Alternating Least Squares), die auf der Analyse von mehrdimensionalen Kontingenztafeln aufbaut. Sie wird oft auch als multiple Korrespondenzanalyse bezeichnet und hat den Vorzug, dass sie eine Dimensionsreduktion mit geringstmöglichem Informationsverlust bewerkstelligt. Die nach einer Normalisierung mit Variablen-Prinzipal ausgegebenen Werte werden hier grafisch auf den Koordinaten ihrer jeweils beiden wichtigsten Dimensionen dargestellt. In allen drei Analysen fällt die Relevanz nach der zweiten Dimension stark ab, sodass die Zweidimensionalität nicht als Verkürzung verstanden werden kann.

Im ersten Schritt haben wir nun die Variablen zu der tatsächlichen Teilnahme an Partizipationsverfahren in diese Korrespondenzanalyse hineingegeben. Dabei zeigte sich die in Abbildung 12 dargestellte Verteilung.

*Abbildung 12: Dimensionen der Korrespondenzanalyse der Partizipationsverfahren*

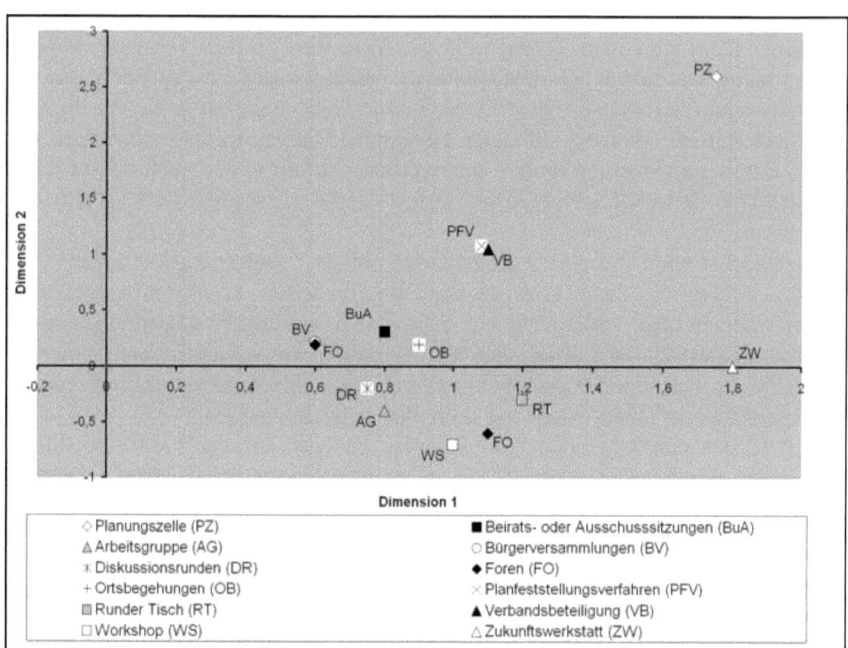

Darstellung der beiden relevanten Dimensionen in der Reihenfolge ihrer Wertigkeit entsprechend ihrer Eigenwerte. Weitere relevante Dimensionen konnten nicht isoliert werden.

Die Korrespondenzanalyse produzierte mit den beiden relevanten Dimensionen einen zweidimensionalen Raum. Weitere Dimensionen von Bedeutung konnten nicht identifiziert werden. Somit spricht die Anzahl der Dimensionen für die Lösung der Faktorenanalyse.

Wie lassen sich nun die beiden Dimensionen beschreiben?

Dimension 1 sortiert die Verfahren abermals ähnlich – wie in der Faktorenanalyse im Hinblick auf ihren Formalisierungsgrad – niedrige Werte auf der Achse der 1. Dimension bedeuten wenig Formalisierung. Beim genaueren Betrachten muss die Sortierungslogik jedoch eher als „Entscheidungsorientierung" bezeichnet werden.

Es gibt zahlreiche wenig formelle Verfahren, die von ihrer Zielsetzung eher auf Verständigungs- und Meinungsbildungsprozesse abzielen, wie z.B. Workshop, Forum, Runder Tisch, Diskussionsrunde und Zukunftswerkstatt. Dagegen ist die konkrete Entscheidungsorientierung bei den formalen Verfahren, wie Bürgerversammlung, Beirat, Ortsbegehung und dann Planfeststellung und Verbandsbeteiligung zumeist stark dominierend. Nach unserer Interpretation lässt sich dieses Kontinuum der „Entscheidungsorientierung" an Dimension 1 ablesen: je höher der Wert, desto höher diese Orientierung.

Das Verfahren der Planungszelle passt auf den ersten Blick nicht recht ins Raster der Interpretation. Plausibel wird es allerdings, wenn man bedenkt, dass die Planungszelle zumeist darauf abzielt, für ein konkretes Planungsproblem eine Entscheidung vorzubereiten. Somit ist sie implizit direkt entscheidungsorientiert, wenngleich nach formaler Beurteilung eher lediglich eine Entscheidung über eine spätere Entscheidung gefunden werden soll.

Es zeigt sich an dem generierten Kontinuum ebenso wie in der Realität sehr schön, dass es keine einfache kategorische Einteilung in formale, entscheidungsorientierte und nicht-formale, nicht-entscheidungsorientierte Verfahren gibt. Vielmehr stellen sich beide Inhalte als eine übergangslose Abstufung dar, die keine Zäsur erkennen lässt. Ferner gibt es auch keinen strikten Zusammenhang zwischen dem Grad der Formalität und der Fokussierung auf Entscheidungsorientierung. So gibt es stärker oder weniger stark entscheidungsrelevante formale und nicht-formale Verfahren, zugleich aber eine deutliche Tendenz zu einer Beziehung zwischen formalen Verfahren und der Orientierung an konkreten Entscheidungen.

Diese zusätzliche und feinere Interpretation steht keineswegs im Gegensatz zur Interpretation der Ergebnisse aus der Faktorenanalyse. Vielmehr wird sie erst hier möglich, weil die Verfahren numerisch in einem Kontinuum dargestellt werden, welches für die Suche nach inhaltlichen Ordnungskriterien neue Möglichkeiten schafft. Die entscheidende inhaltliche Differenzierung folgt damit weitestgehend den Ergebnissen der Faktorenanalyse und spezifiziert diese.

Die zweite Dimension zeigt eine Konfiguration, die recht einfach zu interpretieren ist. Diese Dimension entspricht ziemlich genau den Häufigkeiten der Nennungen, also dem Anteil derjenigen Personen, die bereits einmal an einem entsprechenden Verfahren teilgenommen haben. Wir bezeichnen daher diese Dimension als die der Popularität der Verfahren. Ein Verfahren gilt also dann als populär, wenn viele Leute bereits einmal daran teilgenommen haben.

Eine dritte Dimension mit statistisch annähernden Kennwerten konnte nicht identifiziert werden. Also zeigt sich, dass das einzige allein inhaltliche Ordnungskriterium bei beiden Analysen, der Korrespondenz- und der Faktorenanalyse, sich fast identisch manifestierte und ein zweites Kriterium in Gestalt der

Popularität lediglich indirekt inhaltlicher Art ist, zumal es direkt auf die Teilnahmefrequenz zurückgeführt werden kann.

Die zweidimensionale Darstellung der Ergebnisse zeigt zunächst, inwiefern sich die einzelnen Verfahren in beiden Dimensionen verorten. Diese entspricht dem Grad der Entscheidungsorientierung und der Popularität. Es ist zu sehen, dass die beiden Dimensionen nicht inhaltlich korrelieren, das heißt, Erstere lässt sich nicht mit der Zweiteren in Verbindung bringen, indem die Aussage getroffen wird, dass Verfahren mit größerer oder geringerer Entscheidungsorientierung populärer sind als die anderen. Entsprechend lassen sich auch keine deutlichen Cluster oder Aggregationen aus Abbildung 12 herauslesen, vielmehr zeigt sich mit der Ausnahme einiger Ausreißer eine übergangslose Streuung.

Gehen wir nun einen Schritt weiter über die Darstellung der letzten Abbildung hinaus und bilden die Beteiligungsverfahren zusammen mit weiteren Variablen ab. Diese in den folgenden beiden Abbildungen dargestellten Variablen haben dabei lediglich einen passiven Stellenwert und wurden nicht in die Analyse der Beteiligungsverfahren einbezogen. Sie werden im nachstehenden Schritt nur über die Ergebnisse der ersten Korrespondenzanalyse gelegt und liefern auf diesem Weg Erkenntnisse. Sie selbst haben aber keinen Einfluss auf die ursprüngliche Konfiguration. Beachtet werden sollte in jedem Fall der divergierende Maßstab der Achsen, der ausschließlich deshalb angepasst wurde, um die Unterschiede sichtbarer zu machen.

Die Risikorepräsentation der Bürger

*Abbildung 13: Korrespondenzanalyse mit ausgewählten Inhaltsvariablen*

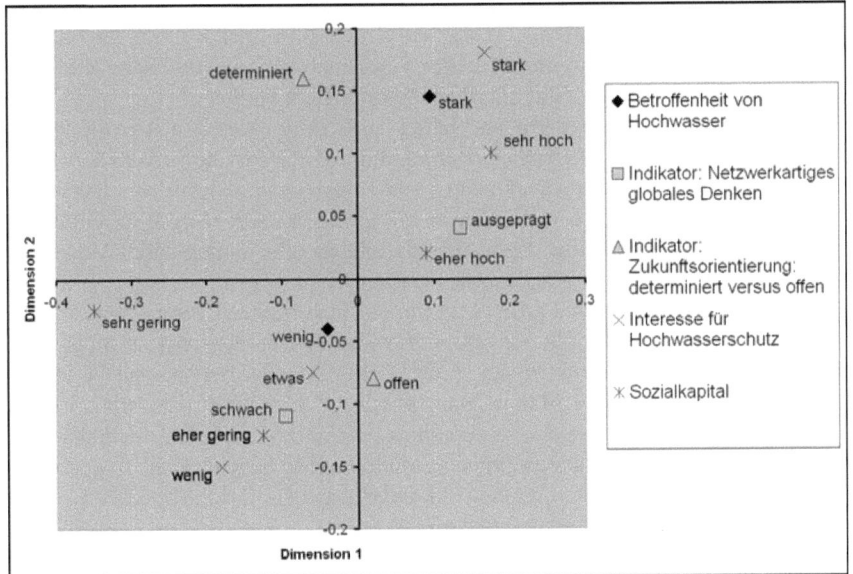

Für die Interpretation von Abbildung 13 muss man sich das ursprüngliche Schema der Korrespondenzanalyse der Beteiligungsverfahren vor Augen rufen. Der Einfachheit halber sind diese Verfahren hier nicht noch einmal gesondert eingefügt worden, sie liegen aber quasi im selben Koordinatensystem der Abbildung. Das bedeutet abermals, dass sich Dimension 1 als „Entscheidungsorientierung" (links: geringe Entscheidungsorientierung – rechts: hohe Entscheidungsorientierung) und Dimension 2 als „Popularität" (oben: unpopulär – unten: populär) interpretieren lassen. Nun gilt es also bei der Bewertung der Ergebnisse zu eruieren, wie verschiedene Variablen und Merkmalsausprägungen in diesem Koordinatensystem wieder finden lassen.

Inhaltlich wird deutlich, dass fast alle der positiven Merkmalsausprägungen „Merkmal vorhanden" oben rechts im Koordinatensystem zu finden sind, also dort wo die unpopulären und entscheidungsorientierten Beteiligungsverfahren auszumachen sind. Genau dort finden sich die Eigenschaften wie das große Interesse am Hochwasserschutz, die Betroffenheit von Hochwasser in der Vergangenheit, ein hohes Sozialkapital und ein ausgeprägtes globales Denken, die mit einer hohen Entscheidungsorientierung einhergehen. Die entgegengesetzten Eigenschaften werden entsprechend unten links im Koordinatensystem sichtbar. Dies kann durchaus so interpretiert werden, dass all diese Merkmalsausprägungen, die oben rechts zu finden sind, deutlich häufiger in entscheidungsorientierten und unpopulären Verfahren erscheinen. Es scheint fast, als sei das Vorhandensein dieser Eigenschaften so etwas wie eine Vorraussetzung, um den teilweise formellen Grad bestimmter Verfahren anzunehmen. Diese These kann mit unseren Daten allerdings nicht detaillierter untersucht werden.

Zwei weitere Besonderheiten fallen auf: zum einen die Verortung der Merkmalsausprägung „geringes Sozialkapital", die einen negativen Ausreißer auf Dimension 1 darstellt. Dies zeigt somit, dass Personen mit sehr geringem Sozialkapital sehr deutlich zu Verfahren mit geringer Entscheidungsorientierung neigen. Sie lassen sich aber nicht eher populären oder unpopulären Verfahren zuordnen. Das Fehlen dieses Zusammenhanges ist ein ganz wichtiges Ergebnis unserer Untersuchung, wird er doch mitunter als vorhanden vorausgesetzt. Eine weitere Besonderheit ist die Verortung der Zukunftsorientierung, die als Ausprägung „Zukunftsdeterminismus" („die Zukunft steht bereits fest!") in der Abbildung auftaucht. Die Merkmalsausprägung des Zukunftsdeterminismus ist im Koordinatensystem bei den unpopulären Verfahren zu finden, nicht aber bei hoher oder niedriger Entscheidungsorientierung. Die gegenteilige Ausprägung „Offene Zukunft" dagegen befindet sich nahezu genau in der Mitte des Koordinatensystems und bleibt damit assoziationslos.

Welche Ergebnisse liefert die Korrespondenzanalyse bezüglich soziodemografischer Merkmale?

Um diese Frage zu beantworten wurde eine weitere Abbildung erstellt, die abermals über die erste Korrespondenzanalyse der Beteiligungsverfahren zu legen ist. Im Folgenden sind also ausgewählte soziodemografische Merkmale dargestellt, die nicht als aktive Variablen in der Korrespondenzanalyse fungieren.

Die Risikorepräsentation der Bürger 145

*Abbildung 14: Korrespondenzanalyse mit soziodemografischen Merkmalen*

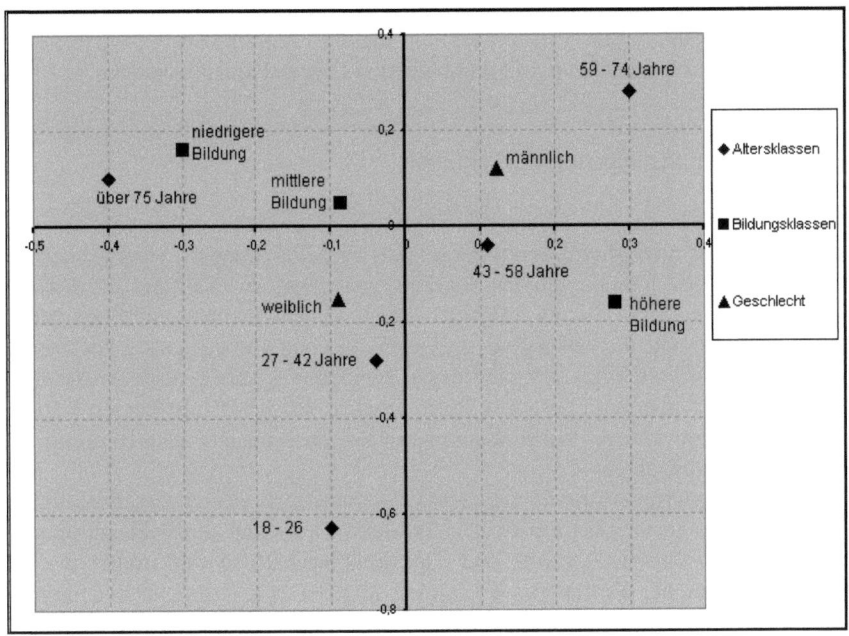

Der obere rechte Quadrant des Koordinatensystems ist diesmal nicht angefüllt mit Merkmalsausprägungen. Die Verteilungen sind in diesem Fall etwas anders, angefangen bei der Variable *Alter*, die sich, mit Ausnahme der über 75-jährigen, nahezu exakt in der Mitte der ersten Dimension befindet. Daraus lässt sich schließen, dass sich das Alter im Hinblick auf die Entscheidungsorientierung nicht unterscheidet, wohl aber im Hinblick auf die Popularität, denn je höher das Alter, desto näher liegt man im Bereich der unpopulären Verfahren. Insbesondere die jüngste Altersgruppe bildet einen regelrechten Ausreißer in Richtung Popularität. Ganz oben auf der zweiten Dimension finden sich die 59-74-jährigen. Eine Ausnahme bilden, wie bereits erwähnt, die Ältesten, die sich in der Nähe der wenig entscheidungsorientierten Verfahren befinden.

Der Verlauf des Bildungsniveaus wiederum zieht sich in einer Linie von oben links bis unten rechts; das heißt also, je höher die Bildung, desto höher die Affinität zur Entscheidungsorientierung, zusammen mit einer leichten Tendenz zu populären Verfahren.

Männer und Frauen befinden sich ziemlich in der Mitte des Koordinatensystems, sie lassen sich also kaum auf den beiden Dimensionen unterscheiden.

In geringem Ausmaß aber neigen Frauen eher zu weniger Entscheidungsorientierten Verfahren mit höherer Popularität, bei den Männer ist dies umgekehrt. Im Übrigen zeigten sich hinsichtlich der fünf Verantwortungstypen keine besonderen Zusammenhänge mit den beiden vorliegenden Dimensionen.

Fokusgruppen: Partizipation als Verfahren

Verfahren, in denen eine eigene Beteiligung möglich ist, wurden von den Fokusgruppen grundsätzlich positiv aufgefasst. Einschränkungen wurden aber im Hinblick auf die Fähigkeiten zur Partizipation gemacht. Während die Fokusgruppe *Schüler* sich nicht als informiert genug einschätzte und auf ältere Menschen verwies, war die Fokusgruppe *Eigenheim* vom Nutzen stärker überzeugt. Fraglich war lediglich das Interesse in der Bevölkerung. Da bedürfe es Aktualität und Betroffenheit, am besten in Form einer in den Köpfen präsenten Katastrophe, eine notwendige Vorraussetzung dafür, dass ausreichend Bürgerinnen und Bürger mitmachten.

Die Fokusgruppen *Landwirte* sowie *Senioren* waren hier zuversichtlicher und aufgeschlossener gegenüber dem Verfahren als die anderen Fokusgruppen.

Von Landwirten, Senioren und Eigenheimbesitzern wurde immer wieder betont, dass es bei Verfahren, wie sie in unseren Fokusgruppen beispielhaft aufgezeigt wurden, positiv zu bewerten ist, dass Politiker beteiligt seien. Diese würden allerdings, so die Befürchtung, sich nur dann blicken lassen, wenn mit dem Thema oder der Teilnahme zu punkten sei. Der Aspekt der Interaktion Bürger – Politik wird außer bei den Schülern stets positiv aufgenommen und angeführt. So hieß es, man habe da endlich mal die Möglichkeit seine Meinung zu äußern, so dürfe sich hinterher andererseits niemand beschweren und behaupten, er sei nicht gefragt worden. Tendenziell war die Skepsis gegenüber den eigenen Fähigkeiten groß, weil man vielleicht nicht kompetent mitarbeiten könnte. Allerdings wurde auch von wenigen befürchtet, dass eine Beteiligung keinen Effekt habe:

„Die müssen einem aber auch glauben, das ist ja immer das Problem."

Ein Nutzen, den die Landwirte sahen, liegt in der Möglichkeit des Einbringens von lokalem Erfahrungswissen, das durch die vorherrschende Stellung des von Außen eingebrachten akademischen Wissens bislang kein Gehör fände.

„Wenn die irgendwas planen wäre es schon wirklich manchmal sinnvoll wenn die andere Leute als irgendwelche Ingenieure die von was-weiß-ich-wo vielleicht herkommen, (...) die von unseren regionalen Gegebenheiten überhaupt keine Ahnung haben. Die berechnen dann irgendwas, und dann... tja. Das wird dann so gemacht, die Politiker die wissen es auch nicht besser, die glauben das dann so."

Ernst gemeinte Beteiligungsverfahren samt Integration der persönlichen Erfahrungen der direkt Betroffenen, könnten somit dazu dienen Politikverdrossenheit abzubauen. Diese müssten mit entsprechendem Einladungs- und Aufforderungscharakter angekündigt werden.

Räumliche und zeitliche Fernorientierung

Ein zentrales Element des Hochwasserschutzes im Sinne der nachhaltigen Entwicklung ist eine Perspektive, die sich räumlich und zeitlich nicht auf eingeschränkte Zusammenhänge bezieht. Besonders deutlich zeigt sich dies am Phänomen Klimawandel, der das ohnehin schon komplexe Themenfeld Hochwasser um zusätzliche Faktoren ergänzt und eine langfristige Planungsperspektive erfordert.

*Tabelle 34: (Frage 33) Räumliche Fernorientierung*

| Erhebung Risikokultur in Hamburg und Bremen 2005 | | | |
|---|---|---|---|
| Angaben in % der positiven Nennungen* | Gesamt | Bremen | Hamburg |
| Alle Geschehnisse auf der Welt sind miteinander verknüpft. | 70,1 | 69,5 | 70,7 |
| Wenn es fernen Ländern wirtschaftlich gut geht, hat dies positive Auswirkungen auf meine Stadt. | 66,4 | 62,7 | 70,2 |
| Lokale Umweltprobleme werden überwiegend an weit entfernten Orten verursacht. | 42,3 | 42,6 | 41,9 |

*(positive Nennungen = stimme sehr zu + stimme eher zu)
Frage: Und wie stehen Sie zu den folgenden Behauptungen?

Wir wollen nun darstellen, wie diese Faktoren der räumlichen und zeitlichen Fernorientierung mit den Einstellungen im Thema Hochwasser zusammen hängen. Zunächst sind in Tabelle 34 die drei Fragen zur räumlichen Fernorientierung aufgeführt.

Die Fragen betreffen die Vorstellung eines Zusammenhangs globaler Geschehnisse, wie er sich in den vergangen drei Jahrzehnten zunehmend im Rahmen der Globalisierungstendenzen ausgebildet hat. Die erste Frage richtet sich allgemein und grundsätzlich auf das Erkennen eines Zusammenhangs. Die zweite Frage fokussiert ausschließlich auf wirtschaftliche Zusammenhänge, während die dritte Frage speziell das Thema *Umwelt* umreißt.

Die Werte unterscheiden sich hinsichtlich der beiden Untersuchungsstandorte nur im zweiten Item: Die Hamburger Befragten nehmen häufiger einen Einfluss weiträumiger wirtschaftlicher Zusammenhänge auf ihre Stadt an als die Bremer.

In gleicher Weise, wie nach dem Raum gefragt wurde, wurden die Befragten gebeten, ihre Ansicht über zeitliche Zusammenhänge mitzuteilen.

*Tabelle 35: (Frage 33) Zeitliche Fernorientierung*

| Erhebung Risikokultur in Hamburg und Bremen 2005 | | | |
|---|---|---|---|
| Angaben in % der positiven Nennungen* | Gesamt | Bremen | Hamburg |
| Über die Dinge die morgen passieren können, soll man sich nicht so viele Gedanken machen. | 37,0 | 34,0 | 39,9 |
| Bis jetzt sind die Menschen mit jedem Problem fertig geworden. | 38,7 | 36,8 | 40,6 |

*(positive Nennungen = stimme sehr zu + stimme eher zu)
Frage: Und wie stehen Sie zu den folgenden Behauptungen?

Frage 1 wird dann positiv beantwortet, wenn die zeitlichen Zusammenhänge nicht ausreichend in dem Sinne begriffen werden, um sich vorstellen zu können, dass heutige Aktivitäten einen Effekt produzieren, der in einer fernen Zukunft liegen könnte.

Sonstige Vorschläge/Erwähnungen

Bemerkenswert war das Gefühl direkt Betroffener, also der Landwirte und Eigenheimbesitzer, mit ihren Problemen und Risiken allein gelassen zu werden. So nähmen sich Politiker nur Zeit für konkrete Hochwasserereignisse, wenn sie auf Wählerfang seien. Den Medien diene vor allem die sensationelle Dimension von Hochwasser und dessen Bekämpfung, als geeignetes Mittel um die Sensationslust der Konsumenten zu befriedigen. Daraus resultierten in den Fokusgruppen Resignation, Abschottung, Egozentrismus auf der einen, aber auch Aktivierungspotenzial, Bedarf an Hilfestellungen und Bildung von Problembewusstsein auf der anderen Seite.

Hervorgehoben wurden oft die Bedeutungen eines funktionierenden Frühwarnsystems samt Hintergrundinformationen und Möglichkeiten der Ausbildung von Problembewusstsein.

Die Schüler aus Bremen wiesen explizit und geschlossen darauf hin, dass das Thema *Hochwasser* in den Unterricht gehöre. Bislang stünde dies nicht in ihrem Lehrplan, lediglich allgemeine Themen, wie Deichaufbau und Tide, seien behandelt worden. Dabei habe man das Recht auf Wissen, wenn es um die eigene Sicherheit gehe.

Besonderheiten der einzelnen Gruppen

Die Fokusgruppe der Landwirte ist selektiv sehr gut informiert, das Wissen beruht ausdrücklich auf der eigenen Erfahrung, ist daher sehr kohärent und kongruent, gegenüber Einwirkungsversuchen von außen verschlossen. Dennoch verfügen sie über ein großes Partizipationspotenzial.

Die Fokusgruppe der Eigenheimbesitzer ist mäßig informiert und zum Teil ausgestattet mit inkohärentem Wissen, ist aber sehr an Informationen interessiert, die einen direkten Eigenbezug haben und Handlungsoptionen beinhalten.

Die Fokusgruppe der Senioren ist reich an persönlichen Erfahrungen, darüber hinaus ordentlich informiert und offen für Informationen und Partizipationsverfahren. Allerdings in ihren Ansichten dafür nicht immer ausdifferenziert, ferner fühlen sich die Senioren gesellschaftlich gut betreut und integriert. Hier gibt es eine Zweiteilung: die Einen wollen aktiv mitwirken, die Anderen verlassen sich dagegen passiv auf den Status Quo:

„Bremen hat schon irgendwelche Spezialisten, die hier irgendwo sitzen und den Wasserspiegel dann beobachten, und wenn die sagen: ah, ist schon etwas zu hoch, oder so, mach mal hier Alarm."

## Zusammenfassung

Das Thema *Hochwasser* ist in beiden Untersuchungsgebieten fest in den Köpfen der Menschen verankert, wenngleich nicht mit primärem Stellenwert. Andere Bereiche werden als akuter und wichtiger eingeschätzt, Hochwasser ist aber trotzdem sehr präsent. Dies gilt insbesondere für Hamburg, wo die Wertigkeit der Thematik höher ist, diese aber ebenso auch ein höheres Bedrohungsgefühl auslöst.

In Hamburg und Bremen nimmt zudem die Sorge um den Klimawandel eine wichtige Stellung ein und wird von vielen Menschen direkt mit dem Hochwasserrisiko in Verbindung gesetzt.

Für den Klimawandel gilt: Nach Ansicht der Befragten wird er nicht nur sicher eintreten, er wird sogar als menschlich verursacht und als Einfluss nehmend auf das Risiko zukünftiger Hochwasserereignisse angesehen. Lediglich die Landwirte sind da eher anderer Meinung – sie diagnostizieren zwar eine Zunahme, sehen den Grund aber in natürlichen Schwankungen. Die Bedrohungslage durch den Klimawandel manifestiert sich in einer abstrakten Gefahr, die das Leben begleitet, aber dennoch nicht direkt spürbar ist oder an konkreten Bedrohungsszenarien festgemacht wird. Als eine unkonkrete, aber existente Gefahr bezieht der Klimawandel daraus sein Bedrohungspotenzial. In den Fokusgruppen zeigen sich bei etwa der Hälfte der Teilnehmenden erhebliche Wissenslücken und Verwirrungen beim Erfassen der Thematik.

Ganz allgemein bedroht von Hochwasserrisiken fühlen sich eher alte Menschen, eher Menschen mit niedrigerer Bildung und auch Männer. Die Gruppe der Landwirte fühlt sich stark betroffen im Vollzug ihrer täglichen Arbeit und sieht sich in der Rolle des Hauptlastenträgers bei vergangenen und zukünftigen Hochwasserereignissen.

Im Hinblick auf die Frage nach einer konkreten Katastrophe durch Hochwasser zeigt sich eine deutliche Kluft zwischen Bremen und Hamburg, da die Bewohner Hamburgs das Eintreten für weitaus wahrscheinlicher halten.

Neben dem ausgeprägten Bewusstsein sind in Hamburg auch die Erfahrungen mit konkreten Hochwasserereignissen sehr viel größer. Das Ereignis des Jahres 1962 spielt dabei nachweislich eine große Rolle. Entsprechend ist auch das Interesse am Thema Hochwasserschutz in Hamburg viel größer als in Bremen, wo es aber immer noch recht groß ist.

Lösungen sollen, hier wie dort, hauptsächlich wissenschaftlich-technische Neuerungen bieten. In den Bremer Fokusgruppen wird mehrfach die Ansicht einer Ko-Evolution zwischen Risiko und technischer Anpassung geäußert, die die erwartbaren Ereignisse hinsichtlich des Schadenspotenzials etwa auf heutigem Niveau halten können. Schaut man sich dagegen die angedachten bzw.

getroffenen Maßnahmen in der Bevölkerung an, zeigt sich, dass in Hamburg viele eigene Maßnahmen neben dem technischen Schutz bereits ergriffen wurden. Der Glaube an die Wirksamkeit individueller Vorsorge ist groß. In Bremen dagegen wird die Notwendigkeit der Maßnahmen nicht recht erkannt.

Die Schutzvorgabe lautet also: Im Großen soll es die Technik machen, im Kleinen muss man es selbst versuchen!

Demgemäß wird die Hauptverantwortlichkeit in Bremen und Hamburg gleichermaßen den öffentlichen Einrichtungen zugeschrieben. Dies gilt sowohl für die Verantwortung in der Vorsorge als auch für den Katastrophenfall. Den Einzelnen wird weitaus weniger Verantwortung zugeschrieben, in Bremen noch weniger als in Hamburg. Zwischen diesen beiden Dimensionen liegt hinsichtlich der Wertigkeit die Vernetzung und Selbstorganisation der Bürgerinnen und Bürger. Dieses zu bildende soziale Kapital wird ausdrücklich von den Landwirten und von den Senioren geäußert, die auf dessen hohen Stellenwert hinweisen.

Bei den verantwortlichen Einrichtungen, welche die Einwohner kennen, zeigen sich die lokalspezifischen Unterschiede. In Bremen wird vielfach der Deichverband genannt, während in Hamburg die städtischen Behörden angeführt werden.

Die Informationsversorgung spielt zwar die wichtigste Rolle bei der angestrebten Entwicklung hin zum *risiko- und katastrophenmündigen Bürger*, wird aber zumindest in Bremen nach Ansicht der Bewohner vernachlässigt. Dort zeigt man sich im Vergleich zu Hamburg unzufrieden mit dem Umfang der Kommunikation (vor allem) der Behörden, aber auch zum Teil mit der Kommunikation der Medien. Insbesondere der Umfang der Informationen sei insgesamt zu gering – der Wunsch danach ist hingegen groß.

Die bevorzugte Informationsquelle sind Radio und Fernsehen – das Internet spielt (noch?) eine überraschend untergeordnete Rolle. Eher hoch fällt dagegen der Stellenwert der partizipativen Verfahren der Bürgerbeteiligung aus, die in der Rangfolge auf Platz drei rangieren. Die Daten zeigen, dass beim Thema *Hochwasser* die Bekanntheit der bzw. die aktive Teilnahme an konkreten Beteiligungsverfahren sehr hoch sind. Im Vordergrund stehen dabei die eher klassischen Formen der Bürgerbeteiligung, wie Diskussionsrunden, Bürgerversammlungen und Arbeitsgruppen. Das Thema scheint sich hervorragend für die Beteiligung von Bürgerinnen und Bürgern zu eignen. Hier sei nochmals auf das integrative und identifikationsschaffende Potenzial der Bewältigung eines gemeinsamen Risikos und einer Sachaufgabe hingewiesen, wie es in Hamburg mitunter bereits genutzt wird.

Neben der positiven Beurteilung des Informationsweges der Bürgerbeteiligung sind es vor allem Flyer, die positiv bewertet werden. Hinsichtlich des Internets ist die Einschätzung dagegen reservierter und nach Meinung der Teilnehmenden der Fokusgruppen für den Katastrophenfall gänzlich ungeeignet. Die Schüler wünschen sich eine integrierte Betrachtung des Themas im Unterricht und fordern eine Verankerung im Lehrplan, damit Teilhabe an der Herstellung von Sicherheit für alle potenziell Betroffenen in Zukunft ermöglicht werden kann.

### 5.1.5 Weitere Analysen I: Typen der Verantwortungszuschreibung

Eine der wichtigsten Fragen im Bereich der Adaptionskommunikation im Hochwasserschutz ist die Zuschreibung der Verantwortung für Schutzmaßnahmen. Wer soll in den Augen der Bevölkerung für die Gewährleistung von Sicherheit im Vorfeld und während eines Schadensereignisses zuständig sein? Die grundlegende Bedeutung dieser Thematik hat mindestens drei Gründe: Erstens ist es der politische Hintergrund, der sich von jeher mit der Frage beschäftigt, wie viel Staat ist möglich und wie viel Staat ist nötig? Die Übernahme von Schutzfunktionen durch die öffentliche Hand ist daher immer auch eine Frage des Staatsverständnisses. Zweitens ist es ein technisch-organisatorischer Aspekt der Machbarkeit und effektiven Umsetzung von Schutzfunktionen. Deichbaugeschichtlich lässt sich nachzeichnen wie im Laufe der Jahrhunderte das individuelle Leistungsvermögen des Warftenbaues sich steigerte zur gemeinschaftlich errichteten Dorfwarft und zum Ringdeiches bis hin zum überregionalen Schutzdeich. Im Deichbau sind daher individuelle Maßnahmen kaum effektiv. Diese sind jedoch von den Betroffenen als weiterführende, hinreichende Bedingung möglich und nötig (siehe oben). Drittens sind es die psychologischen Folgerungen, die die Einzelnen aus den Punkten eins und zwei ableiten. Die starre Sicht auf einen umsorgenden, Sicherheit garantierenden Staat lässt im Bereich des Hochwasserschutzes die notwendigen Initiativen der Einzelnen eher erlahmen.

Ergänzend zu den oben dargestellten Ergebnissen zur Verantwortungszuschreibung ist interessant, ob es bestimmte Typen der Verantwortungszuschreibung gibt und ob diese sich durch bestimmte Merkmale kennzeichnen lassen. Zu diesem Zweck haben wir die sechs Fragen zu diesem Thema auf drei Dimensionen gestellt. Dabei sollten die Verantwortung der öffentlichen Hand, der Einzelnen und dazwischen stehend die Verantwortung der bürgerschaftlichen Ebene, auf der sich die Einzelnen selbstorganisiert zusammenschließen müssen, beurteilt werden. Die drei Ebenen wurden jeweils unterteilt in die Verantwortung der Prävention vor einem Schadensereignis sowie in die Verantwortung zur Gewährleitung der Bewältigung eines eingetretenen Ereignisses. Wie bereits dargestellt ging die Tendenz für beide Verantwortungsdimensionen eindeutig hin zur öffentlichen Hand. Den Einzelnen wurde die wenigste Verantwortung zugeschrieben, dazwischen lag die bürgerschaftliche Ebene.

Die Typologisierung

Die Zuschreibung der Verantwortung für die beiden Dimensionen „vor" und „während" eines Schadensereignisses korrelieren hoch miteinander, daher wurden die Werte für beide Bereiche auf der Personenebene zu einem Wert aggregiert, so dass drei Skalenwerte pro Person übrig bleiben. Die Analyse des gesamten Antwortensets zeigt, dass die wenigsten Personen eine Ebene in der Verantwortung sehen, die anderen beiden Ebenen dagegen nicht. Vielmehr ergibt sich ein Muster aus Kombinationen zwischen den Ebenen *öffentliche Hand*, *bürgerschaftliche Organisation* und *den Einzelnen*. Daher sind wir dazu übergegangen, die möglichen Kombinationsmuster inhaltlich zu sortieren, indem wir die Skalenwerte entlang des numerischen Mittelwerts der Skala aus zwei Items dichotomisiert haben. Jede Person hat danach folglich einen Wert für die drei Zuschreibungsebenen: öffentliche Hand (wichtig/unwichtig), bürgerschaftliche Organisation (wichtig/unwichtig) sowie die Einzelnen (wichtig/unwichtig).

Auf der Basis der Kombinationsmuster konnten wir nun die folgenden fünf Typen der Verantwortungszuschreibung identifizieren:

1. Die Verantwortungsgeneralisten
Die Verantwortungsgeneralisten sind der Ansicht, dass alle drei Ebenen gleichsam für die Gewährleistung von Sicherheit verantwortlich sind.

2. Die Verharmloser
Die Verharmloser äußern für keine der drei Ebenen eine Verantwortung. Da die Ebenen erschöpfend sind, bedeutet dies, dass in ihren Augen derzeit überhaupt nichts getan werden muss.

3. Die Delegierer
Die Delegierer sind der Ansicht, dass ausschließlich die öffentliche Hand für die Sicherheit im Hochwasserschutz verantwortlich ist. Eine klare Delegierung der Aufgaben an die öffentliche Hand erübrigt weitere und andere Schutzanstrengungen.

**4. Die Selfmades**
Die Selfmades schreiben die Verantwortung entweder den Einzelnen und/oder der bürgerschaftlichen Selbstorganisation zu. Die öffentliche Hand sehen die Selfmades nicht in der Verantwortung, sondern eben eine oder zwei dieser Ebenen, auf denen sie selbst aktiv werden müssen.

**5. Die Additiven**
Die Additiven sehen die öffentliche Hand in der Verantwortung, fordern darüber hinaus aber weitere nötige Anstrengungen für die Einzelnen oder die bürgerschaftliche Organisation.

*Tabelle 36: Fünf Typen der Verantwortungszuschreibung*

| Die Verantwortungsgeneralisten | 16,2% |
|---|---|
| Die Verharmloser | 5,6% |
| Die Delegierer | 40,8% |
| Die Selfmades | 8,0% |
| Die Additiven | 29,5% |

*(positive Nennungen = stimme sehr zu + stimme eher zu)

Der Typ der Selfmades setzt sich aus drei verschiedenen Kombinationsmöglichkeiten zusammen. Darunter spielen diejenigen, die davon ausgehen, dass ausschließlich die Einzelnen verantwortlich sind mit 0,5% an der Gesamtbefragung keine Rolle. Die beiden anderen Gruppen, aus denen sich die Selfmades zusammensetzen, dies sind diejenigen, die ausschließlich die bürgerschaftliche Ebene in der Verantwortung sehen sowie die Gruppe mit beiden Zuschreibungen, an die Einzelnen und die bürgerschaftliche Ebene, sind in etwa gleich groß.

Die beiden Typen, die aus theoretischer Sicht zu den idealen Typen der Adaption gehören, sind die Verantwortungsgeneralisten mit 16,2% und die Additiven mit 29,5%. Beide haben ein integratives Bild von der Verantwortung einer öffentlichen Hand für gemeinschaftlichen und nur auf der Basis aggregierter, zusammengefasster Handlungen überhaupt erreichbaren und vollziehbaren Schutz, der um die Bemühungen der Einzelnen in ihrem Nahumfeld ergänzt werden muss. Das entspricht also insgesamt 45,7% der Befragten, die in Sachen Verantwortungszuschreibung dem Idealbild entsprechen. Zwei seltenere Positionen sind die Verharmloser, die sich überhaupt keiner Verantwortung auf einer der Ebenen bewusst sind mit 5,6%, sowie den Selfmades, die die öffentliche Hand nicht in der Verantwortung sehen mit 8,0%. Die größte Gruppe bilden die Delegierer, die davon ausgehen, selbst nichts machen zu müssen mit 40,8%.

Jede der fünf Gruppen verlangt nach einer eigenen Art und Weise der Argumentation, um sie von der idealen und für eine Adaption unerlässlichen ergänzenden Position zu überzeugen. Wichtig scheint dabei der genauere Blick auf die Typen zu sein. Von daher möchten wir nun die Typen in ihrer Beschaffenheit genauer beschreiben.

Hinsichtlich der Standorte finden sich Unterschiede beim Typ der Verantwortungsgeneralisten, den wir in Hamburg zu 17,9% und in Bremen nur zu 14,5% finden. In Bremen sind dagegen der Typ des Verharmlosers (6,6% gegenüber 4,5%) sowie der Typ des Selfmades (9,2% gegenüber 6,8%) häufiger als in Hamburg. Die aus Sicht der Adaptionskommunikation bevorzugten beiden Typen findet man somit in Hamburg geringfügig häufiger. Deutlich sind die Geschlechtsunterschiede, hier sind die Frauen bei den Generalisten deutlich überrepräsentiert, denn 19,2% der Frauen verorten sich hier, aber nur 13,0% der Männer (und sogar 11,1% der Bremer Männer und 20,8% der Hamburger Frauen). Auch in der anderen von uns postulierten Idealgruppe, den Additiven finden sich deutlich mehr Frauen (32,7% gegenüber 26,0%). Insgesamt also wird auf Seiten der Männer sehr viel mehr Aufklärungsbedarf als bei den Frauen (zwei Idealgruppen: Männer 39,0% und 51,9% der Frauen) sichtbar. Die Männer haben eine starke Tendenz zur Delegierung an die öffentliche Hand (48,8%) gegenüber lediglich 33,2% der Frauen. Die Gruppe der Verharmloser ist bei beiden Geschlechtern gleichmäßig besetzt.

Ein interessanter Verlauf zeigt sich auch für das Alter – in Abbildung 15 ist die Zugehörigkeit dargestellt.

*Abbildung 15: Verantwortungstypen nach Alter*

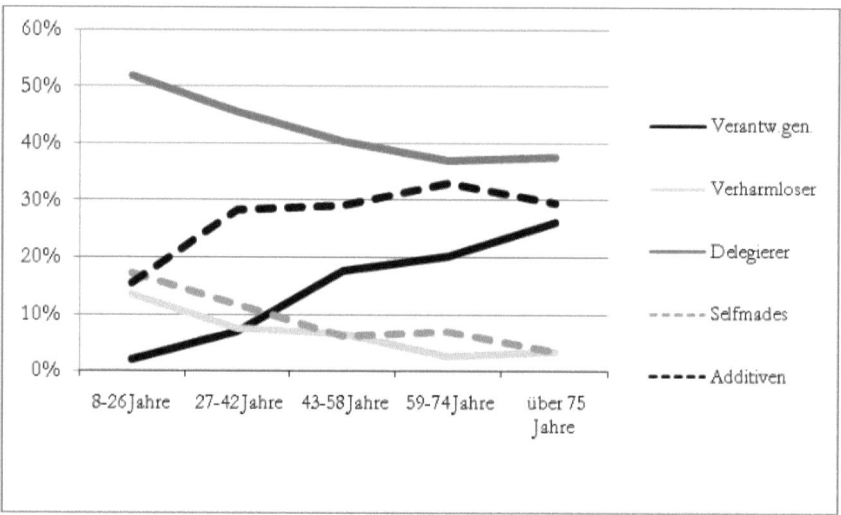

Für alle Typen zeigen sich ziemlich konstante Trends. Bei den Jüngsten sind zunächst die Verharmloser vergleichsweise häufig zu finden, werden dann aber bei den höheren Altersgruppen immer seltener. Sehr häufig sind bei den jungen Erwachsenen auch Delegierer und Selfmades auszumachen. Die beiden bevorzugten Gruppen, die Additiven und die Generalisten, findet man bei den Jüngsten mit insgesamt 17,3% ausgesprochen selten. Bei den Ältesten über 75 Jahre stellen diese beiden Typen dagegen 55,7%.

Beim Einkommen und bei der Bildung lassen sich abermals dieselben Zuschreibungen erkennen, wie sie schon oben ähnlich dargestellt wurden. Es sind die einkommensschwachen und bildungsferneren Befragten, die davon ausgehen, die Einzelnen müssten sich vor allem selbst schützen. Ökonomisch gesehen sind es demnach diejenigen, die davon ausgehen, ausschließlich auf die eigene Leistung angewiesen zu sein, auch diejenigen die sich am wenigsten schützen können. Höhere Einkommens- und Bildungsklassen neigen deutlich dazu, die Verantwortung dem Staat zuzuweisen, um selbst nichts mehr machen zu müssen. Womöglich ist dies hier ein Steuerzahlereffekt, wer also Steuern zahlt, der geht auch davon aus, vom Geld etwas erwarten zu können. Unterschiede bei den Verharmlosern oder den Generalisten sind dagegen kaum festzustellen, außer hinsichtlich der Tatsache ob Kinder unter 14 Jahren im Haushalt vorhanden sind oder nicht. Sind Kinder vorhanden, dann findet man auch mehr Generalisten und weniger Verharmloser. Die gleiche Tendenz liegt vor bei der Unterscheidung in Menschen mit ausgeprägtem globalen, netzwerkartigen Denken und denen, die eine solche Orientierung nur in einem geringen Maße aufweisen. Unter den Ersteren finden wir weitaus mehr Generalisten und weniger Verharmloser.

Erwähnenswert sind die Unterschiede auch zwischen denjenigen Personen, die sich direkt von einem Hochwasser bedroht fühlen. Diese Personen neigen mehr als die übrigen zu den Verantwortungsgeneralisten (20,5%) und delegieren seltener an die öffentliche Hand (36,2%) – wir finden sie weitaus häufiger unter den Additiven (34,2%).

Bei den Personen mit niedrigem Sozialkapital lässt sich eine sehr große Zuschreibung an die öffentliche Hand mit 54,4% und sehr wenig additive Orientierung (18,9%) erkennen. Von den beiden gewünschten Typen finden sich hier lediglich 28,9% wieder, unter den Personen mit hohem Sozialkapital dagegen sind es insgesamt 54,1%.

Folgerungen

Die Ergebnisse offenbaren viele Ansatzpunkte für eine gruppenspezifische Kommunikation. Für verschiedene Bevölkerungsgruppen haben wir verschiedene Defizite diagnostiziert, die mit verschiedenen Mitteln angegangen werden müssen. Dabei sind es keineswegs Bildungsfragen, die im Vordergrund stehen. Große und jeweils verschiedene Defizite finden sich bei Männern, auch stark bei jungen Leuten (wobei ein geringer geschlechtsspezifischer Effekt zu beachten ist: es gibt mehr weibliche ältere Menschen als männliche), bei den Bremern mehr als bei den Hamburgern, bei Menschen ohne Sozialkapital und schließlich, mit unterschiedlicher Ausprägung, bei besser und schlechter gebildeten Menschen.

Im Hinblick auf die beiden von uns präferierten Typen, die Generalisten und die Additiven, gibt es in allen Bevölkerungsgruppen noch großen Veränderungsbedarf, damit also auch Bedarf an Adaptionskommunikation. Sieht man einmal von der kleinen Gruppe der Verharmloser ab, dann ist es vor allem der große Glaube an die öffentliche Hand als der alleinverantwortlichen Kraft, der noch zu häufig vertreten wird. Hier sind es von der Zielgruppe eher die gebildeten und besser Situierten, die womöglich aus ihren Steuerleistungen übertriebene Erwartungen ableiten.

*5.1.6 Weitere Analysen II: Zusammenschau der Kommunikationsdimensionen*

In diesem empirischen Abschnitt des Buches möchten wir uns nun letztlich die Dimension der Kommunikation genauer ansehen. Zu diesem Zweck haben wir gemäß unserer theoretischen Annahmen spezielle Variablen aus dem vorliegenden Datenmaterial generiert und deren Zusammenhang untereinander getestet.

Folgende Variablen haben wir in die Korrelationsanalyse einbezogen – dargestellt sind im Fettdruck mit römischen Zahlen die fünf thematischen Blöcke. Darunter die jeweils zugeordneten 13 generierten Variablen:

**I. Risiko- und Katastrophendimension**
 1. Risiko-/Katastrophenbewusstsein: generell
 2. Skala generelle Risikoeinschätzung (Abschätzung des Ausmaßes und Schadenspotenzials)
 3. Risiko-/Katastrophenbewusstsein: Wahrnehmung der lokalen Auswirkung/Bedrohung:
 4. Skala lokale Bedrohung/Risikoeinschätzung

**II. Nachhaltigkeitsdimension**
 5. Netzwerkartiges globales Denken
 6. Aggregierter Indikator „räumliche Fernorientierung"
 7. Zeitliche Orientierung
 8. aggregierter Indikator „Zukunftsdeterminismus"
 9. Nachhaltigkeit: Partizipation (informell)
 10. Skala-Faktorwerte
 11. Nachhaltigkeit: Partizipation (formal)
 12. Skala-Faktorwerte

**III. Adaptionsdimension**
 13. Anpassungsnotwendigkeit an Bedingungen des Klimawandels
   Faktor Anpassungsnotwendigkeit
 14. Anpassungsaktivität im eigenen Umfeld
   Skala „eigene Anpassungsaktivitäten" (Bereitschaft, sich selbst anzupassen mit eigenen Aktivitäten)

**IV. Klimawandel und Hochwasser**
 15. Auswirkungen des Klimawandels
   Skala Folgenschwere des Klimawandels
 16. (Neben-Skala) Anthropozentrische Verursachung

17. Hochwasser: Bedrohungsgefühl
    Skala zum Bedrohungsgefühl vor HW

**V. Informationsverhalten**

18. Faktor 1 „Vertiefungsmedien mit aktiver Suche": Fachzeitschriften, Bücher, Informationsveranstaltungen/Seminare, Internet.
19. Faktor 2 „Alltägliche Kanäle": Radio, Fernsehen, Zeitungen/Zeitschriften, amtliche Bekanntmachungen, Handzettel

Die Zusammenhänge, die sich in unserem Datenmaterial zeigen sind, wie zu erwarten war, recht vielfältig und lassen sich nur mosaikartig zusammenfassen.

Themenfeld Partizipation

Werfen wir zunächst einen Blick auf die Ergebnisse zur Partizipation. Sowohl informelle als auch formelle Partizipation zeigen mit den anderen Variablen relevant signifikante Korrelationen. Es werden zunächst zwei erwähnenswerte Aspekte sichtbar: Erstens gibt es einen positiven korrelativen Zusammenhang zwischen den formellen Partizipationsverfahren und dem lokalen Bedrohungsgefühl sowie den eigenen Anpassungsaktivitäten. Zweitens gibt es zwei negative Zusammenhänge: zwischen der formellen Partizipation und der Anpassungsnotwendigkeit einerseits sowie mit dem Bedrohungsgefühl durch Hochwasser andererseits.

Diese Konfiguration erscheint zunächst widersprüchlich. Letztlich verweist es aber auf einen gewichtigen Umstand: Diejenigen, die in formelle Partizipationsverfahren involviert sind, sind eben auch diejenigen, die eine lokale Bedrohung wahrnehmen und die eigene Schutzhandlungen durchführen oder geführt haben. Unsere Interpretation geht dahin, dass durch formelle Verfahren die Problemsensibilität der Teilnehmenden gestärkt wird. Zudem wird eigenverantwortliches Handeln mobilisiert. In der Tat könnte es auch andersherum sein, doch wie man es auch betrachtet: offenbar wird durch die Teilnahme das Gefühl der Selbstwirksamkeit gestärkt, schließlich sind beide Ausprägungen, die Einschätzung der Anpassungsnotwendigkeit und das Bedrohungsgefühl durch ein Hochwasserereignis, geringer. Die Kehrseite ist, dass daraus auch gefolgert werden kann, dass unter diesen Personen weitere fortführende Anpassungsmaßnahmen schwieriger zu vermitteln sind – allerdings ist dies womöglich auch weniger erforderlich.

Themenfeld allgemeine Risikoeinschätzung

Die Variable der allgemeinen Risikoeinschätzung zeigt mit einigen anderen Variablen einen hoch signifikanten positiven Zusammenhang, nämlich mit der Wahrnehmung von lokalen Auswirkungen/Bedrohungen (2), der Anpassungsnotwendigkeit (7), dem anthropogenen Klimawandel (10), dem Bedrohungsgefühl durch Hochwasser (11) sowie der intensiven Nutzung von Spezial-Medien (12) und allgemeinen Medien (13).

Daraus folgt, dass es ein Cluster von positivem Zusammenhängen gibt. Die intensive Nutzung von Vertiefungsmedien und anderen fällt zusammen mit der gesteigerten Einschätzung des Risikos und der Anpassungsnotwendigkeit. Auch die Überzeugung, dass der Klimawandel anthropogen bedingt ist, ist deutlich stärker. Einen einzigen negativen Zusammenhang finden wir allerdings: den zwischen der allgemeinen Risikoeinschätzung und den Anpassungsaktivitäten (8). Ein eigentlich unerwartetes Ergebnis, jedoch geht eine hohe allgemeine Risikoeinschätzung mit einem niedrigen Niveau von Anpassungsaktivitäten einher. Das Muster zeigt also keinen Automatismus: medialisierte Wahrnehmung von klimawandelbedingten Hochwasserrisiken führt nicht per se zu konkreten Handlungen der Anpassung im eigenen Umfeld. Dies werten wir als Hinweis darauf, dass Kommunikationsaktivitäten, die zu einer verbesserten Anpassungssituation führen sollen, auch ganz konkret bei den Möglichkeiten der Einzelnen ansetzen müssen. Die Vermittlung von Klimawandelthematiken kann dabei im Falle des bereits interessierten Personenkreises durchaus im Hintergrund bleiben, denn eine thematische Sensibilisierung findet man hier ja zum Teil bereits vor.


Themenfeld lokale Bedrohung – räumliche Orientierung: „Glokalität"

Die Variable der lokalen Bedrohung (2) korreliert hoch signifikant positiv mit der Wahrnehmung der allgemeinen Risikoeinschätzung (1), dem Bewusstsein über globale Vernetzung (3), der Sensibilität für Anpassungsnotwendigkeit (7), der Wahrnehmung anthropogenen Klimawandels (10), dem Bedrohungsgefühl durch Hochwasser (11) sowie der Nutzung von Spezialmedien (12).

Bei diesem Muster ist insbesondere der Zusammenhang zwischen der Wahrnehmung der lokalen Bedrohung, dem Bewusstsein von globaler Vernetzung und globalem Klimawandel sowie der intensiven Nutzung von Spezialmedien interessant. Die „Glokalität" des Phänomens *Klimawandel und Hochwasser* festzustellen, ist also eine informationsbasierte Abstraktionsleistung.

Es gibt negative Korrelationen mit formaler Partizipation (6) und Anpassungsaktivitäten (8). Dies erscheint plausibel: Ein hohes Bedrohungsgefühl geht mit einer schwachen Beteiligung an formaler Partizipation und geringen eigenen Anpassungsaktivitäten einher. Hier zeigt sich das Muster: differenzierte Informationen unterstützen die Wahrnehmung des komplexen „glokalen" Phänomens (globaler Klimawandel und lokale Hochwasserrisiken) – ein stärkeres (formales) Involviertsein und stärkere Eigenaktivitäten reduzieren wiederum das Bedrohungsgefühl. Dies ist ein Hinweis auf das Potenzial der Selbstwirksamkeit oder Handlungsfähigkeit, dem gegenüber steht diametral ein Fatalismus in Form des „Hase-vor-der-Schlange-Phänomens".

Stellt man die räumliche Fernorientierung (3) in den Mittelpunkt der Korrelationsanalyse, zeigt sich ein ganz ähnliches Bild: Es gibt erneut stark positive Korrelationen mit der wahrgenommenen lokalen Bedrohung (2), der Sensibilität für Anpassungsnotwendigkeiten (7), der Wahrnehmung des anthropogenen Klimawandels (10) sowie dem Hochwasser-Bedrohungsgefühl (11). Auch hier gibt es interessanterweise einen negativen Zusammenhang mit Anpassungsaktivitäten (8). Daraus geht hervor, dass ein hohes Bewusstsein für räumlich distanzierte Effekte mit geringen eigenen Anpassungsbemühungen im Nahbereich einhergeht. Hier könnte eine gewagte Interpretation angeführt werden: Möglicherweise findet sich hier ein Hinweis auf die skeptische Einschätzung eigener Handlungsmöglichkeiten angesichts global vernetzter Probleme, die scheinbar übermächtig als Kausalität über allem steht. Das Motto hieße dann: Was kann es denn schon nützen, wenn der Einzelne sich reckt und streckt?

Neben der räumlichen Orientierung haben wir noch die zeitliche Fernorientierung (4) als Bestandteil von „Glokalität" untersucht. Im Zusammenhang mit dieser Variable finden wir lediglich vier Korrelationen. So korreliert sie stark positiv mit der lokalen Risikowahrnehmung (2), der Anpassungsnotwendigkeit (7) und dem anthropogenen Klimawandel (10). Dieses Korrelationsmuster zeigt die Fähigkeit zur Antizipation: Wahrnehmungen von Zukunftsrisiken und Handlungsnotwendigkeiten werden vermutlich verknüpft.

Themenfeld *Adaption*

Einige Zusammenhänge haben wir in den obigen Korrelationsanalysen bereits aufgezeigt, der Übersicht halber kommt es daher an dieser Stelle zu Dopplungen. Der Faktor *Anpassungsnotwendigkeit* korreliert stark positiv mit einer Reihe von Aspekten: mit der allgemeinen Risikoeinschätzung (1), dem lokalen Bedrohungsgefühl (2), der räumlichen Fernorientierung (3), der Wahrnehmung des anthropogenen Klimawandels (10), dem Hochwasser-Bedrohungsgefühl

(11) und der Nutzung allgemeiner Medien (13). Dieses Korrelationsmuster zeigt, dass die Wahrnehmung der Notwendigkeit zur Anpassung mit einem medial vermittelten Bewusstsein über globale Wirkungszusammenhänge und ihre potenziellen lokalen Konsequenzen eng zusammenhängt. Es gibt negative Korrelationen mit formaler Partizipation (6), der Anpassungsaktivität (8) und der Folgenwahrnehmung des Klimawandels (9). Das heißt, eine hohe Sensibilität für Anpassungsnotwendigkeit geht mit geringer Involvierung in formale Partizipation, geringen eigenen Schutzhandlungen und – interessanterweise – mit geringer Folgeneinschätzung des Klimawandels einher. Dies wird klarer, wenn man sich vor Augen hält, dass bei bereits vollzogenen oder unmittelbar anstehenden Anpassungsaktivitäten selbstverständlich die Einschätzung des Ausmaßes der Folgen geringer wird. Im Gegensatz zur vorhin festgestellten Selbstwirksamkeit, die tendenziell für eine Unterschätzung weiterführender Anpassungsmaßnahmen sorgen kann, scheint hier eine schwache (formale) Beteiligung und ein geringes Handlungsniveau mit einer umso stärkeren Wahrnehmung von Anpassungsnotwendigkeiten zusammenzuhängen.

Die Anpassungsbereitschaft zeigt, wie bereits beschrieben eine Reihe von nicht erwarteten Zusammenhängen. Es gibt positive Korrelationen mit zeitlicher Fernorientierung (4) und formaler Partizipation (6) sowie negative mit der allgemeinen Risikoeinschätzung (1), dem lokalen Bedrohungsgefühl (2), der räumlichen Fernorientierung (3), der Anpassungsnotwendigkeit (7), dem Hochwasser-Bedrohungsgefühl (11), den Spezial-Medien (12) und den allgemeinen Medien (13). Hier bieten wir wiederum die Interpretation im Sinne einer bereits vollzogenen Anpassung, die als wirksame Gegenkraft zur generellen Beunruhigung wirkt.

Themenfeld *Klimawandel*

Zunächst halten wir ausschließlich zwei hoch signifikante Zusammenhänge für die Variable der Wahrnehmung von Auswirkungen des Klimawandels fest. Je stärker die erwarteten Auswirkungen sind, desto höher ist die Zustimmung bei den wahrgenommenen Anpassungsnotwendigkeiten (7), soweit ist das leicht nachvollziehbar. Ferner gibt es eine negative Korrelation mit der Nutzung von Spezial-Medien (12). Das ist interessant, denn es könnte ein Hinweis darauf sein, dass die Lektüre von Spezial-Medien im Gegensatz zur allgemeinen Medienberichterstattung ggf. zu einem entdramatisierten Bild der Klimafolgen führt. Darüber hinaus finden sich keine Signifikanzen.

Die Wahrnehmung des anthropogenen Klimawandels, als anthropogen verursacht, korreliert stark positiv mit der generellen Risikoeinschätzung (1), dem lokalen Bedrohungsgefühl (2), der zeitlichen Fernorientierung (4), der wahrgenommenen Anpassungsnotwendigkeit (7) und dem Hochwasser-Bedrohungsgefühl (11). Dieses Muster ist konsistent: es verweist, wie bereits andere Korrelationsmuster, auch auf einen klaren Zusammenhang zwischen lokaler und globaler Risikowahrnehmung sowie sich daraus ergebenden Handlungsnotwendigkeiten.

Themenfeld *Hochwasser*

Das Hochwasser-Bedrohungsgefühl (11) korreliert stark positiv mit der Risikoeinschätzung (1), der lokalen Bedrohung (2), der räumlichen Fernorientierung (3), der Anpassungsnotwendigkeit (7), der Wahrnehmung anthropogenen Klimawandels (10) und der Nutzung allgemeiner Medien (13). Auch hier zeigt sich wieder das vermutlich stabile Muster der durch Medien vermittelten, „glokalen" Herausforderung. Es gibt negative Zusammenhänge mit der formalen Partizipation (6) und der Anpassungsaktivität (8). Auch dies ist konsistent: Diejenigen, die nicht formal involviert sind und keine Schutzmaßnahmen durchführen, haben ein höheres Bedrohungsgefühl.

Was bleibt?

Wenngleich wir von einigen Korrelationsmustern teilweise überrascht wurden, haben wir versucht, entsprechend der Signifikanz zu interpretieren. Wir sehen im Wesentlichen vier zentrale Eigenheiten, die unsere Analysen produzierten.

1. Es zeigt sich eine medialisierte Wahrnehmung des „glokalen" Risikos *Klimawandel und Hochwasser*, aus der aber offenbar nicht automatisch konkrete Schutz- bzw. Anpassungsaktivitäten folgen.
2. Ein Involviertsein (mittels formaler Partizipation) und eigene Anpassungsaktivitäten reduzieren das Bedrohungsgefühl durch das Gefühl von Selbstwirksamkeit. Dies kann aber die Einsicht in notwendige weitergehende Anpassungsmaßnahmen blockieren. Schwache Involvierung und geringe Eigenaktivität hingegen gehen einher mit einer hohen wahrgenommenen Anpassungsnotwendigkeit, vermutlich weil man sich dem Risiko ausgesetzt fühlt.
3. Mit Blick auf die zeitlich-räumliche Fernorientierung zeigt sich, dass zwar einerseits die Wahrnehmung von Zukunftsrisiken für eine erhöhte Sensibilität für Handlungsnotwendigkeiten sorgt, das Bewusstsein über

globale Vernetzung aber andererseits zu einer skeptischen Einschätzung eigener Handlungsfähigkeit führt.
4. Differenzierte Informationen (durch speziell zu wählende Medien) stärken komplexe, antizipative Wahrnehmung und tragen tendenziell zur Entdramatisierung bzw. Versachlichung bei, führen aber auch nicht unmittelbar zu konkreten Anpassungsaktivitäten.

## 5.1.7 Fazit Fallstudie

Die empirischen Erkenntnisse, die wir durch die Vergleichsstudie zwischen Hamburg und Bremen gewonnen haben, sollen einen Beitrag zum besseren Verständnis lokalspezifischer Risikokulturen leisten. Um die Untersuchung der Risikokultur zielorientiert durchzuführen, hatten wir drei Forschungsfragen gestellt: Wie kommunizieren die für den Hochwasserschutz verantwortlichen Behörden und Institutionen mit der Öffentlichkeit? Wie berichten die Medien über Risiken und Handlungsnotwendigkeiten und -möglichkeiten? Wie denken die Bürgerinnen und Bürger über Hochwasserrisiken und -schutz? Mit diesen Fragen haben wir sowohl die öffentliche Kommunikation (Behörden/Medien) als auch die Wahrnehmung und Repräsentation von Hochwasserrisiken durch die Einwohner angesprochen. Im Folgenden diskutieren wir die Ergebnisse unserer Studie im Hinblick auf diese Fragen und zeigen die sich daraus ergebenden Schlussfolgerungen.

Wenn man, wie wir in dieser Studie, davon ausgeht, dass ein zeitgemäßer Hochwasserschutz einer systematischen Berücksichtigung von Aspekten der Katastrophen-, Risiko- und Nachhaltigkeitswahrnehmung und -kommunikation bedarf, geht aus den empirischen Ergebnissen hervor, dass an beiden Untersuchungsorten noch Optimierungspotenzial hinsichtlich einer Adaptionskultur besteht. Dabei ist der Handlungsbedarf in Bremen deutlich größer als in Hamburg.

Mit Blick auf die behördliche Kommunikation zeigt sich, dass Hamburg deutlich offensiver und professioneller Katastrophen- und Risikokommunikation betreibt. Risiken und (staatliche) Schutzmaßnahmen werden in Hamburg in Informationsbroschüren konkreter diskutiert, und es werden auch individuelle Katastrohenvorsorge und -schutzmaßnahmen thematisiert. Diese reichen vom Umgang mit Gütern und Stoffen in überflutungsgefährdeten Räumen im Haushalt über Erläuterungen zu einer Notfallausrüstung bis hin zu konkreten Angaben über Informationsmöglichkeiten und -kanäle im Katastrophenfall. In Bremen werden zwar (abstrakter) Risiken thematisiert und Schutzmaßnahmen dargestellt. Die Darstellung von möglichen Katastrophen und Handlungsmöglichkeiten im Ereignisfall fehlen aber. Der Klimawandel wird zwar in Bremen etwas deutlicher erwähnt als in Hamburg, es bleibt aber bei einer abstrakten Beschreibung. Insgesamt gibt es in Hamburg auch deutlich mehr Informationsangebote (Internet, Broschüren, Merkblätter etc.) als in Bremen (hauptsächlich Broschüren). Aus der Perspektive unseres Ansatzes der Adaptionskommunikation wird die behördliche Kommunikation dem anspruchsvollen Ziel eines vorausschauenden und nachhaltigen Hochwasserschutzes in beiden Städten nur teilweise gerecht. Während die Katastrophenkommunikation in Hamburg durchaus differenziert ist, fehlt sie in Bremen fast gänzlich. Die Kommunikation von Risiken findet zwar statt, jedoch insbesondere in Bremen bleibt sie zu unkonkret (z.B. wenig ortsspezifisch). Im Hinblick auf eine beteiligungsorientierte Nachhaltigkeitskommunikation, die den Hochwasserschutz in einen breiteren Kontext nachhaltiger Entwicklung stellt, besteht sowohl in Hamburg als auch in Bremen erheblicher Entwicklungsbedarf.

Analog zur institutionellen Risikokommunikation hat die Analyse der Medienberichterstattung ergeben, dass in beiden Städten das häufigste Hauptthema Schutzmaßnahmen sind, noch vor Berichten über Schäden. In Bezug auf die Schutzmaßnahmen wird am häufigsten über technische Maßnahmen, als zweites über organisatorische Aspekte und signifikant weniger als drittes über ökologische Gestaltungsmöglichkeiten berichtet. Und bei den Schäden stehen mit deutlichem Abstand die materiellen Schäden im Fokus der Berichterstattung, danach Beeinträchtigungen für Leib und Leben, bevor ökonomische und ökologische Schäden thematisiert werden. Insgesamt wird in Bremen tendenziell mehr über Schäden berichtet als in Hamburg. Danach folgen erst Beiträge über Hochwasserrisiken – also potenzielle Schäden – und das Thema Klimawandel. Hier gibt es Tendenzunterschiede in beiden Städten: Während in Hamburg etwas mehr Beiträge einen Zusammenhang zwischen Klimawandel und Hochwasser herstellen, wird in Bremen deutlich häufiger über den Klimawandel berichtet – jedoch eher abstrakt. Interessant ist auch, dass als Risiko-Ursache für Hochwasser in Bremen häufig Flusshochwasser an sich genannt wird, während in Hamburg stärker über mögliches Deichversagen berichtet wird. Insgesamt fällt die Berichterstattung hinsichtlich Hochwasser(-risiken) in Hamburg warnender aus als in Bremen. Ähnlich wie bei der institutionellen Risikokommunikation zeigt sich auch bei der medialen Risikokommunikation, dass der Schwerpunkt auf der Katastrophen- vor der Risikoorientierung liegt, wobei die Diskussion über Schutzmaßnahmen das wichtigste Hauptthema in der Berichterstattung ist. Auch hier lässt sich sagen, dass vor dem Hintergrund der Adaptionskommunikation, die öffentliche Kommunikation über Hochwasser(-risiken) noch zu wenig aus vorausschauender, integrierender Perspektive geschieht. Die „Culture of Prevention" ist in der Medienkommunikation noch nicht angekommen.

Ähnlich wie bei der institutionellen und medialen Risikokommunikation gibt es auch bei den Risikorepräsentationen der Bürgerinnen und Bürger Gemeinsamkeiten, aber auch interessante Unterschiede in beiden Städten. Stellt man Hochwasserrisiken in den Kontext anderer Risiken (Gentechnik, Kriminalität etc.) zeigt sich in Hamburg wie in Bremen, dass Hochwasser im Risiko-Ranking der Bürgerinnen und Bürger am Ende steht. Die meisten sind also nicht von morgens bis abends mit Gedanken über Hochwasserrisiken beschäftigt. Ebenfalls ist in beiden Städten fast in gleichem Maßen die Ansicht vertreten, dass der Staat der hauptverantwortliche Akteur für Risiko- und Katastrophenmanagement ist. Danach folgt die bürgerschaftliche Zusammenarbeit und am Schluss das individuelle Handeln. Es kann also von einer klaren Verantwortungsdelegierung an den Staat gesprochen werden. Die häufig gestellte Forderung nach mehr Eigenverantwortung wird beim Hochwasserschutz nur bedingt von den Einwohnern geäußert. An beiden Untersuchungsorten sind als Informationskanäle die klassischen Massenmedien (Radio, Fernsehen, Zeitungen) zentral. Dem Internet wird allgemein eine deutlich geringere Relevanz zugeschrieben. Jedoch hat sich in den Gruppendiskussionen gezeigt, dass für spezielle Informationsbedürfnisse, beispielsweise für Eigenheimbesitzer, das Internet durchaus von Bedeutung sein kann. Das Vertrauen in den Hochwasserschutz ist in beiden Städten hoch. Führt man jedoch den Klimawandel in die Fragebogen ein, wird in Bremen stärker an der zukünftigen Sicherheit der Deiche gezweifelt als in Hamburg. Dieses Ergebnis kann zum einen daraus resultieren, dass in Bremen, wie die Inhaltsanalyse der Medienberichterstattung gezeigt hat, zwar mehr aber dafür weitgehend abstrakt über Klimawandel berichtet wird. Zum anderen kann es aber auch daran liegen, dass aufgrund der aktiven Risikokommunikation der Behörden in Hamburg und der differenzierteren Kenntnis über Hochwasserschutz der Bevölkerung dem zukünftigen Hochwasserschutz mehr Vertrauen entgegengebracht wird. Neben diesen Gemeinsamkeiten in beiden Städten gibt es aber eine Reihe von signifikanten Unterschieden in den Risikorepräsentationen der Bremer und Hamburger. Und alle Unterschiede zeigen, dass in Hamburg tendenziell ein höheres und differenzierteres Bewusstsein über Hochwasserrisiken und -schutz existiert: In Hamburg ist das Interesse am Thema Hochwasserschutz höher, die Wahrscheinlichkeit für ein Hochwasser wird höher eingeschätzt und die prinzipielle Bedrohung wird stärker wahrgenommen. Auf der Seite der Schutzmaßnahmen zeigt sich in Hamburg eine tendenziell höhere Zufriedenheit mit Entscheidungsprozessen und -ergebnissen im Hinblick auf Gerechtigkeitsaspekte, und es werden deutlich mehr individuelle Schutzmaßnahmen durchgeführt (Notfallausrüstung, Informationsmöglichkeiten). Hinsichtlich der Beteiligungsmöglichkeiten zeigt sich, dass in beiden Städten die traditionellen Beteiligungsverfahren der repräsentativen Demokratie im

Zentrum stehen. Innovativere Verfahren werden bislang weniger wahrgenommen; sicherlich auch, weil sie bislang wenig angeboten werden. In Hamburg lässt sich tendenzielle eine etwas stärkere Teilnahme an interaktiven Beteiligungsverfahren erkennen. Schließlich wurden in der Befragung Nachhaltigkeitsaspekte erhoben, insbesondere die Meinung zu zeitlich-räumlich distanzierten Effekten. Hier zeigt sich in beiden Städten, dass jeweils einer Mehrheit der Bürgerinnen und Bürger durchaus globale Wirkungszusammenhänge bewusst sind und sie langfristiges Denken für wichtig halten. Kontrastiert man diese Ergebnisse mit dem Ansatz der Adaptionskommunikation, lässt sich ein generelles Bewusstsein über Hochwasserrisiken in weiten Teilen der Bevölkerung konstatieren, das in Hamburg höher und differenzierter ist, gerade auch im Hinblick auf Katastrophenvorsorge und -bewältigungsmöglichkeiten, und das in beiden Städten mehrheitlich ein grundlegendes Bewusstsein über Nachhaltigkeitsanforderungen vorhanden ist. Das auf Hochwasser bezogene Katastrophen-, Risiko- und Nachhaltigkeitsbewusstsein ist aber noch weit gehend abstrakt und diffus. Es ist, wie insbesondere die Gruppendiskussionen in Bremen ergeben haben, nur schlecht verknüpft mit konkreten Handlungs- und Gestaltungsmöglichkeiten. Mit Blick auf langfristige Anpassungsnotwendigkeiten im Kontext nachhaltiger Entwicklung ist es darüber hinaus problematisch, dass bislang kaum interaktive Kommunikationsangebote bestehen, durch die Bürger stärker in Verständigungs- und Entscheidungsprozesse einbezogen werden könnten.

Bringt man die Analysen zur institutionellen und medialen Kommunikation über Hochwasser(risiken) zusammen mit den Wahrnehmungen und Repräsentationen der Bevölkerungen in Bremen und Hamburg, ergibt sich ein interessantes Bild: Analog zu den Unterschieden in den behördlichen Kommunikationsaktivitäten (Hamburg aktiver als Bremen) gibt es Tendenzunterschiede in der lokalen Medienberichterstattung, die in Hamburg insgesamt warnender ausfällt als in Bremen. Auch das Katastrophen- und Risikobewusstsein ist in Hamburg ausgeprägter als in Bremen. Diese Ergebnisse weisen darauf hin, dass es offenbar Wirkungszusammenhänge zwischen der institutionellen und medialen Kommunikation sowie dem Bewusstsein der Bevölkerung gibt. Das bedeutet, dass durch eine professionelle Kommunikation der für den Hochwasserschutz verantwortlichen Akteure die lokale Risikokultur zumindest aktiv mitgestaltet werden kann. Gleichwohl lässt sich aus unseren Ergebnissen aber kein lineares Modell, Behörden –> Medien –> Bürger, ableiten. Die empirischen Daten zeigen auch, dass persönliche Hochwassererfahrungen, die in Hamburg sehr viel häufiger sind als in Bremen, vermutlich eine hohe Bedeutung für die Themensensibilisierung haben. Ebenso wurde von Teilnehmern der Gruppendiskussionen in Bremen (!) darauf verwiesen, dass ein Krisenereignis wie die Sturmflut 1962 in Hamburg zentral für die Ausbildung von Katastrophen- und Risikobewusstsein sei. Damit Krisenereignisse aber im kollektiven Bewusstsein bleiben, ist gleichwohl wieder eine kontinuierliche Kommunikation notwendig. Dementsprechend entstanden die institutionellen Veränderungen inklusive der Entwicklung einer offensiveren Behörden-Kommunikation in Hamburg nach dem Krisenereignis 1962.

Wenn man aber im Sinne des Leitbilds einer nachhaltigen Entwicklung und der Vorsorgekultur erkannt hat, dass man nicht bis zum nächsten Krisenereignis warten sollte, um darauf zu reagieren, sondern proaktiv soziale und biophysikalische Veränderungsprozessen antizipiert, um sich daran anzupassen, ist die existierende öffentliche Katastrophen- und Risikokommunikation unzureichend. Die in dieser Studie vorgeschlagene konzeptionelle Weiterentwicklung hin zu einer integrierten Adaptionskommunikation verstehen wir als Handlungs- und Orientierungswissen für die verantwortlichen Kommunikationsakteure, um eine differenzierte Strategie zu entwickeln, die Aspekte der Katastrophen-, Risiko- und Nachhaltigkeitskommunikation mit Blick auf Anpassungsprozesse berücksichtigt und Kommunikations- und Beteiligungsstrukturen optimiert.

# 6. Globaler Wandel und Adaptionskommunikation

Der Ausgangspunkt unserer Untersuchung war die in Wissenschaft und Politik in jüngster Zeit verstärkt diskutierte Feststellung, dass globale Umweltveränderungen, insbesondere der Klimawandel, nicht mehr völlig zu vermeiden und vorausschauende Anpassungen mittlerweile notwendig geworden sind. Angesichts hoher sozialer und sachlicher Komplexität – vielfältige Akteure mit unterschiedlichen Perspektiven und Einflussmöglichkeiten sowie biophysikalische Wechselwirkungen mit zeitlich-räumlich distanzierten Effekten – stellt der globale Wandel soziale Systeme vor enorme Herausforderungen. Wenn das gesellschaftliche Ziel ist, eine vorsorgeorientierte Kultur der nachhaltigen Entwicklung zu realisieren, um die Verletzlichkeit der Gesellschaft zu reduzieren und ihre Widerstandsfähigkeit zu steigern, erhöht sich der Bedarf nach kollektivem Lernen zur Anpassung. Unserer Ansicht nach spielen dabei zielgerichtete gesellschaftliche Kommunikations-, Partizipations- und Kooperationsprozesse eine entscheidende Rolle. Wie wir im Theorie-Teil gezeigt haben, erscheint es hierfür sinnvoll, bislang weitgehend getrennt voneinander stehende Ansätze wie Katastrophen-, Risiko- und Nachhaltigkeitskommunikation zum integrativen Konzept der Adaptionskommunikation zusammen zu führen.

In unserer Fallstudie haben wir diese theoretisch-konzeptionelle Perspektive auf das Themenfeld Hochwasser und Klimawandel angewendet. Die Ergebnisse dieser Studie bestätigen unserer Meinung nach die Funktionsfähigkeit und Relevanz des Ansatzes als Orientierungsrahmen für integrative Analysen zur Kommunikation über Katastrophen, Risiken und Nachhaltigkeit. Für die Weiterentwicklung des Konzepts der Adaptionskommunikation ist es notwendig, den Ansatz in zukünftigen Studien auf weitere Adaptionsthemen, wie beispielsweise extreme Wetterereignisse (Stürme, Hitzewellen etc.), unterschiedliche Sektoren (z.B. Landwirtschaft, Tourismus, allgemeine Bevölkerung) und soziokulturelle Kontexte (interkulturelle Vergleiche) anzuwenden. Ein empirisch unterfüttertes Konzept der Adaptionskommunikation kann einen fundierten Beitrag zur erfolgreichen gesellschaftlichen Anpassung an den projizierten globalen Wandel und seine lokalen Konsequenzen leisten. Um den praktischen Nutzen unserer Perspektive zu illustrieren, schlagen wir abschließend auf der Grundlage der theoretischen Erkenntnisse und empirischen Ergebnisse Handlungsempfehlungen zur Adaptionskommunikation im Themenfeld Hochwasser und Klimawandel vor.

Das gegenwärtige System der Hochwasservorsorge und des Hochwasserschutzes bedarf grundsätzlich der Ergänzung durch flankierende Kommunikationsaktivitäten, die systematisch Katastrophen-, Risiko- und Nachhaltigkeitsaspekte im Hinblick auf Adaptionsnotwendigkeiten kommunizieren. Bestehende und zukünftige klimawandelbedingte Maßnahmen werden kaum Wirksamkeit erreichen oder realisiert werden können, solange diese unbekannt bleiben oder auf große Skepsis in der Bevölkerung stoßen. Dabei sind insbesondere die für Hochwassermanagement verantwortlichen Institutionen in der (Kommunikations-)Pflicht.

Insgesamt gilt es, die Partnerschaft zwischen Staat und Bürgern auszubauen. Es sollte eine Unterstützung zum bürgerschaftlichen Engagement geben. Durch Information, dialogische Kommunikation oder Partizipation mittels Beteiligungsverfahren sollten die Einwohner zur bürgerschaftlichen und individuellen Teilhabe ermuntert werden. Dabei kann es aber nicht darum gehen, Aufgaben der Allgemeinheit auf die Einzelnen abzuwälzen, um Verantwortung abzugeben und Gemeinschaftaufgaben zu individualisieren. Vielmehr sollten die Bürgerinnen und Bürger einerseits stärker in Planungs- und Entscheidungsprozesse eingebunden werden, um Legitimation und Akzeptanz für notwendige Maßnahmen, wie beispielsweise eine Veränderung der Deichlinie, zu erhöhen. Zugleich sind die Eigenverantwortung und der Selbstschutz zu stärken, um sich im partnerschaftlichen Verbund zwischen verantwortlichen Behörden und Einwohnern optimal auf kommende Herausforderungen einzustellen.

Dafür ist die Entwicklung einer integrierten Informations- und Kommunikationsstrategie zur Adaption notwendig. Bislang liegt eine solche Strategie kaum vor, obwohl sie im Themenfeld Hochwasser, wie gezeigt, von besonderer Bedeutung ist. Folgende Punkte sind für die Adaptionskommunikation im Themenfeld Hochwasser von besonderer Relevanz:

Ein relevanter und vertrauenswürdiger Akteur (öffentliche Hand) sollte abgestimmt kommunizieren, aktivieren und moderieren.

Es sollte ein Initiativplan aufgestellt und umgesetzt werden, mit der detaillierten Darstellung, welche Teilziele der Adaptionskommunikation (Katastrophenvorbereitung, Risikowahrnehmung, Nachhaltigkeitsstrategie) mit welchen Kommunikationsmitteln in welchem Zeitraum bei welchen Bevölkerungsgruppen erreicht werden sollen. Der Wunsch, „einfach mal zu kommunizieren", ohne weitere Systematik, stellt eine Sackgasse dar und ist letztlich in seiner Wirkung kontraproduktiv.

Die Kommunikationsmittel und -wege sollten vielfältig sein, z.B. Internet, Wurfsendungen, Ausstellungen, Schulunterricht.

## Fazit: Globaler Wandel und Adaption

Die jeweilige Initiative zur Kommunikation über Adaption sollte über eine breite Werbung (audio-visuelle Medien, Printmedien, Plakate) publik gemacht werden, da gesellschaftliche Diskurse stark durch Massemedien strukturiert sind.

Eine Kopplung an den Alltag der Einwohnerschaft sollte hergestellt werden: Hochwasser ist nicht nur ein Nischenthema für spezialisierte Fachleute – es geht alle an (die in Risikogebieten leben) und interessiert auch einen Großteil der Bevölkerung in bestimmten Facetten.

Eigeninitiative sollte gefördert und gefordert werden, um sich proaktiv auf die projizierten Veränderungen einstellen und zielgerichtet anpassen zu können. Insbesondere in Bezug auf die Abgaben für Schutzmaßnahmen haben wir die Gefahr zu bedenken gegeben, dass mit steigender Abgabenleistung die Einsicht in die Notwendigkeit eigener Maßnahmen abnimmt. Dagegen muss angegangen und klar gemacht werden, dass man für seine gezahlten Steuern keinen Freifahrtschein erhält.

Die Bürgermeinung zu Adaptionsnotwendigkeiten und -verantwortlichkeiten sollte ernst genommen, aber nicht unhinterfragt hingenommen werden.

Das Schadenspotenzial sollte offen thematisiert, Sicherungsbemühungen aufgezeigt, individuelle und kollektive Schutzmaßnahmen und (langfristige) Anpassungsmaßnahmen (inklusive Kosten-Nutzen-Verteilung) diskutiert werden.

Alltagswissen über relevante Zusammenhänge ist zu stärken, da die Wissenslage zum Teil sehr schlecht ist: Klima, Wetter, Flüsse, Grundwasser. Hier sollte bereits in den Curricula der allgemein bildenden Schulen Inhalte verankert werden, die eine persönliche Einschätzung und Teilhabe an globalen Zusammenhängen erlauben.

Es sollten eindeutige Zuständigkeiten in der Vorsorge, der Bewältigung und der Nachsorge von Katastrophen kommuniziert werden. Es sollte deutlich sein, welche kollektiven und individuellen Schutzmaßnahmen es gibt. Dabei sollte die Verantwortungsverteilung zwischen Staat, Bürgerschaft und Individuen diskutiert werden.

Einen eigenen gewichtigen Punkt für eine zielgerichtete Kommunikationsstrategie stellen die vielseitigen Möglichkeiten zur Partizipation dar. Es sollte zunächst von Seiten der verantwortlichen Akteure deutlich werden, dass eine Möglichkeit zur Teilnahme überhaupt besteht und auch, wie diese aussehen soll (siehe Grundlagenkapitel). Dabei ist zu unterscheiden, ob es um die Beteiligung an Entscheidungsprozessen zur langfristigen Anpassung geht, um beteiligungsorientiertes Katastrophen(vorsorge-)management oder um Beteiligung, mit dem Ziel Eigenverantwortung sowie bürgerschaftlichen und individuellen Selbstschutz zu motivieren. Grundsätzlich gilt, dass immer dort, wo in Zukunft mit der

Bevölkerung zusammen agiert werden muss, wie zum Beispiel in einem Schadensfall, die Bevölkerung möglichst nah einbezogen werden sollte. Hierbei sollten sich Initiativen der Bürgerinnen und Bürger und öffentliche Aktivität ergänzen.

Eine Abkehr vom hierarchisch-paternalistischen Modell zum kooperativ-diskursiven Modell erscheint ratsam, mit dem Ziel, durch eine interaktive Adaptionskommunikation die Katastrophen- und Risikomündigkeit sowie die Befähigung zur aktiven Teilhabe an nachhaltiger Entwicklung von Einwohnern zu fördern.

Mögliche Widerstände gegen eine professionelle Adaptionskommunikation sind generell als nicht sehr hoch einzuschätzen. Wenn sie aber vorhanden sind, dann sind sie hauptsächlich aus zwei Richtungen zu erwarten: Von Seiten der öffentlichen Hand dürfte die Befürchtung bestehen, mit der offensiven Kommunikation Unruhe auszulösen, indem über etwas kommuniziert wird, das bislang keine Rolle spielte. Selbstverständlich ist dies eine ethische Frage – im Abgleich mit dem Effekt, den eine Nicht-Thematisierung hervorrufen würde. Widerstände aus der Bevölkerung könnten auf kognitiver Ebene entstehen, wenn eine Übersättigung mit dem Thema empfunden wird. Dies könnte insbesondere dann eintreten, wenn die öffentliche Kommunikation moralisch und bevormundend wirkt. Aktuell scheint diese Gefahr aber gering zu sein; trotz intensiver Thematisierung des Klimawandels und seiner beobachteten und erwarteten Folgen in der Medienberichterstattung trifft das Thema auf ein derart breites öffentliches Interesse wie schon lange kein anderes Umweltthema mehr. Auch der Gefahr der Politikverdrossenheit kann hier eher entgegengewirkt werden, denn klassische politische Grenzlinien verschwimmen im Themenfeld Hochwasser und Klimawandel, neue Handlungsoptionen treten auf den Plan, fernab klassischer politischer Betätigungsfelder. Aus unserer Sicht ist das Gelegenheitsfenster für eine gezielte Adaptionskommunikation aufgrund der aktuellen Klimadiskussion, die einen Resonanzboden bereitet hat, günstig.

Die Chancen, die eine offene und proaktive Kommunikation bieten würde, zeigt sich exemplarisch am Beispiel Hamburg. Hier finden sich ein offensiver Umgang mit Hochwasserrisiken und eine gezielte Förderung von individuellem (Katastrophen-)Schutzverhalten. Die Bevölkerung weist ein hohes Interessens- und Wissensniveau über das Hochwasserrisiko in der Stadt auf und zeigt sich besser informiert über Schutzmaßnahmen. Panik entsteht dabei nicht, sondern vielmehr eine Konstruktion von Gemeinsamkeit und aufgeklärter Wachsamkeit. Durch (intensive) Information und Kommunikation lassen sich die angemessenen Handlungsoptionen der Betroffenen erweitern. Nebenbei erhöht sich die Akzeptanz des Einsatzes von Ressourcen im gesamten System des Hochwasserschutzes. Noch einen Schritt weiter gedacht erscheint es, als ob das Thema

## Fazit: Globaler Wandel und Adaption

Hochwasser zu einem integrierenden Moment im Stadtgeschehen fungieren kann. Das Thema bietet Möglichkeiten zur Identifikation und zur Zunahme von Kommunikation der Bürgerinnen und Bürger untereinander. In Hamburg nimmt die Sicherung gegen Hochwasserereignisse eine Stellung ein, die von allen akzeptiert wird und an der sich alle gedanklich beteiligen können. Der Kampf gegen einen „äußeren Feind", das von Menschen beeinflusste Klima, schafft Zusammenhalt im Inneren. Dies sind Themen, die auch im Alltag regen Austausch (Smalltalk) initiieren können, ähnlich wie das Wetter – dazu können sich alle eine Meinung bilden, und zugleich besteht ein hohes Maß an inhaltlicher Übereinstimmung. Gezielte Adaptionskommunikation, die auch die Möglichkeiten der Partizipation nutzt, kann zur allgemeinen Aktivierung der Bürger- und Zivilgesellschaft beitragen. Das Thema bietet einen Ausgangspunkt zur Steigerung der Teilhabe am öffentlichen und politischen Leben.

Mögliche Risiken einer integrativen Adaptionskommunikation liegen hauptsächlich in einer nicht-professionellen Strategie und Umsetzung. Beispielsweise könnte eine einseitig ausgerichtete Kommunikation von gesteigerten Risiken unter Klimawandelbedingungen bei Teilen der Bevölkerung mit hoher Risiko-Aversion Verunsicherung auslösen bis hin zu psychisch-emotionalen Beeinträchtigungen. Deshalb ist zentral, dass Risiken im Zusammenhang mit bereits erfolgten Schutzmaßnahmen und geplanten politisch-administrativen Aktivitäten zu Vorsorge, Katastrophenmanagement und Nachsorge kommuniziert werden. Die Glaubwürdigkeit der Kommunikation hängt jedoch stark davon ab, dass auch konkrete Aktivitäten erkennbar werden. Da die für Hochwasser verantwortlichen Institutionen generell hohes Vertrauen in der Bevölkerung genießen, ist das Risiko für die Institutionen größer, nicht offen über (Rest-)Risiken und zu erwartende Risikoveränderungen sowie notwendige Anpassungen mit Blick auf den Klimawandel zu informieren und zu kommunizieren als nur diesen zur Sprache zu bringen. Wir hoffen, dass wir mit dem vorliegenden Buch einen nützlichen Beitrag geliefert haben, wie Adaptionskommunikation analysiert und gestaltet werden kann.

# 7. Literatur

Adger, W. Neil/Arnell, Nigel W./Tompkins, Emma L. (2005): Adaptation to Climate Change: Perspectives Across Scales. In: Global Environmental Change. Vol. 15., 75-76.

Adger, W. Neil (2006): Vulnerability. In: Global Environmental Change. Vol. 16., 268-281.

Adomßent, Maik/Godemann, Jasmin (2005): Umwelt-, Risiko-, Wissenschafts- und Nachhaltigkeitskommunikation: Eine Verortung. In: Michelsen, G.; Godemann, J. (Hrsg.) (2005): Handbuch Nachhaltigkeitskommunikation. Grundlagen und Praxis. München: OEKOM-Verlag. S. 43-52.

Agyeman, Julian/ Bullard, Robert D./ Evans, Bob (2003): Just Sustainabilities. Development in an Unequal World, Earthscan, London.

Annan, Kofi (1999): Facing the humanitarian challenge: towards a culture of prevention. United Nations Department of Public Information. New York.

Bayrische Rück (Hrsg.) (1993): Risiko ist ein Konstrukt. Wahrnehmungen zur Risikowahrnehmung. München: Knesebeck-Verlag.

Beck, Ulrich (1986): Risikogesellschaft. Auf dem Weg in eine andere Moderne. Frankfurt a. Main: Suhrkamp.

Beck, Ulrich (2007): Weltrisikogesellschaft: Auf der Suche nach der verlorenen Sicherheit. Frankfurt a. Main: Suhrkamp.

Böschen, Stefan/Wehling, Peter (2004): Wissenschaft zwischen Folgenverantwortung und Nichtwissen. Wiesbaden: VS-Verlag.

Bundesministerium für Verkehr, Bau- und Wohnungswesen (Hrsg.)(2005): Bericht der Bundesregierung über die nach der Flusskonferenz vom 15. September 2002 eingeleiteten Maßnahmen zur Verbesserung des vorbeugenden Hochwasserschutzes. Berlin.

Carson, Rachel L. (1962): Der stumme Frühling. München: Biederstein.

Deutsche Gesellschaft für Technische Zusammenarbeit (GTZ) (2001): Katastrophenvorsorge. Arbeitskonzept. Eschborn.

Deutsche Gesellschaft für Technische Zusammenarbeit (GTZ) (2004): Risikoanalyse – eine Grundlage der Katastrophenvorsorge. Eschborn.

Deutsches Komitee für Katastrophenvorsorge e.V. (DKKV) (2000): Peters, Hans-Peter; Reiff, Susanne (Hrsg.): Naturkatastrophen und die Medien. Herausforderungen an die öffentliche Risiko- und Krisenkommunikation. Schriftenreihe des DKKV, Band 21. Bonn.

Deutsches Komitee für Katastrophenvorsorge e.V. (DKKV) (2003): Hochwasservorsorge in Deutschland. Lernen aus der Katastrophe 2002 im Elbegebiet. Schriftenreiche des DKKV, Band 29. Bonn.

Diamond, Jared (2006): Kollaps. Warum Gesellschaften überleben oder untergehen. Frankfurt a. Main: Fischer.

Dombrowsky, Wolf R. (1991): Krisenkommunikation. Problemstand, Fallstudien und Empfehlungen. Arbeiten zur Risikokommunikation. Forschungszentrum Jülich.

Douglas; Mary/ Wildavsky, Aaron (1983) Risk and culture : an essay on the selection of technological and environmental dangers. Berkeley: Univ. of Calif.

Dürrenberger, Gregor/Behringer, Jeanette (1999). Die Fokusgruppe in Theorie und Anwendung. Akademie für Technikfolgenabschätzung: Stuttgart.

European Union (2004): Best Practices on Flood Prevention, Protection and Mitigation. Brussels.

Feindt, Peter H./Newig, Jens (Hrsg.) (2005): Partizipation, Öffentlichkeitsbeteiligung, Nachhaltigkeit. Perspektiven der politischen Ökonomie. Marburg: Metropolis-Verlag.

Fischer-Kowalski, Marina et al. (Eds.). (2001): Nature, Society and History. Long Term Dynamics of Social Metabolism. Special Issue of Innovation - The European Journal of Social Sciences, Vol. 14, Issue 2. Vienna: ICCR.

Fischer-Kowalski, Marina/Haberl, Helmut (Hrsg.) (2007): Socioecological transitions and global change : comparing historical and current changes in societal metabolism and land use. Cheltenham: Elgar.

Gönnert, Gabriele (2005): Sturmflutsicherheit in Hamburg vor dem Hintergrund des Augusthochwassers im Jahre 2002. In: HTG-Kongress 2005, 457-466.

Gray, Philip C. R./Wiedemann, Peter M. (1999): Risk management and sustainable development: mutual lessons from approaches to the use of indicators. In: Journal of Risk Research 2, 201-218.

Grothmann, Thorsten (2005): Klimawandel, Wetterextreme und private Schadensprävention. Entwicklung, Überprüfung und praktische Anwendbarkeit der Theorie privater proaktiver Wetterextrem-Vorsorge. Dissertation. Otto-von-Guericke-Universität Magdeburg.

Heinrichs, Harald (2002): Politikberatung in der Wissensgesellschaft. Eine Analyse umweltpolitischer Beratungssysteme. Wiesbaden: DUV.

Heinrichs, Harald/Agyeman, Julian/ Groß, Matthias (2004): Umweltsoziologie und das Thema der sozial-ökologischen Ungleichheit. In: Bolte, Gabriele/Mielck, Andreas (Hrsg.): Umweltbelastungen und soziale Ungleichheit: Diskussionsstand und erste Ergebnisse zur Umweltgerechtigkeit. Juventa-Verlag, 41-69.

Heinrichs, Harald (2005a): Herausforderung Nachhaltigkeit: Transformation durch Partizipation? In: Feindt, Peter H./Newig, Jens (Hrsg.): Partizipation, Öffentlichkeitsbeteiligung, Nachhaltigkeit. Perspektiven der politischen Ökonomie. Marburg. 43-64.

Heinrichs, Harald (2005b): Kultur-Evolution: Partizipation und Nachhaltigkeit. In: Michelsen, Gerd/Godemann, Jasmin (Hrsg.) (2005): Handbuch Nachhaltigkeitskommunikation. Grundlagen und Praxis. München: OEKOM-Verlag: S. 25-41. 709-720.

IPCC (Hrsg.) (2007a): Vierter Sachstandsbericht des IPCC (AR4). Klimaänderung 2007: Zusammenfassungen für politische Entscheidungsträger. Bern.

IPCC (Hrsg.) (2007b): Impacts, Adaption and Vulnerability: Working Group II: Contributions to the Fourth Assessment Report of the IPCC (Climate Change 2007). Cambridge University Press: Cambridge.

Kahnemann, Daniel/Slovic, Paul/Tversky, Amos (Eds.) (1982): Judgement under Uncertainty: Heuristics and Biases. Cambridge et al.: Cambridge University Press.

Karger, Cornelia (1996) Naturschutz in der Kommunikationskrise : Strategien einer verbesserten Kommunikation im Naturschutz. München : ökom-Verl.

Kates, Robert W. (1994): Natural hazard in human ecological perspective – hypothesis and models. In: Cutter, Susan L. (1994): Environmental risks and hazards. Englewood Cliffs: Prentince Hall.

Kjaer, Anne M. (2004): Governance. Cambridge: Polity Press.

Kreps, Gary A. (1989): Social structure and disaster. Newark.

Krimsky, Sheldon/Golding, Dominic (Eds.) (1992): Social Theories of Risk. Westport CT: Praeger.

Lamnek, Siegfried (1998). Gruppendiskussion. Theorie und Praxis. PVU: München.

Länderarbeitsgemeinschaft Wasser (LAWA) (1995): Leitlinien für einen zukunftsweisenden Hochwasserschutz. Hochwasser – Ursachen und Konsequenzen.

Länderarbeitsgemeinschaft Wasser (LAWA) (2001): Instrumente und Handlungsempfehlungen zur Umsetzung der Leitlinien für einen zukünftigen Hochwasserschutz.

Luhmann, Niklas (1990): Ökologische Kommunikation. Kann die moderne Gesellschaft sich auf ökologische Gefährdungen einstellen? Opladen: Westdeutscher Verlag.

Markau, Hans-Jörg (2003): Risikobetrachtung von Naturgefahren. Analys, Bewertung und Management des Risikos von Naturgefahren am Beispiel der Sturmflutgefährdeten Küstenniederungen Schleswig-Holsteins. Dissertation. Christian-Albrechts-Universität zu Kiel.

McNeill, John (2001): Something new under the sun. An environmental history of the twentieth-century world. New York.

MEA (Millennium Ecosystem Assessment, Ed.) (2005): Ecosystems and Human Well-being: Biodiversity Synthesis. World Resources Institute: Washington, DC.

Meadows, Dennis (1972): Die Grenzen des Wachstums : Bericht des Club of Rome zur Lage der Menschheit. Stuttgart : Dt. Verl.-Anst.: 1972.

Michelsen, Gerd (2005): Nachhaltigkeitskommunikation: Verständnis – Entwicklung – Perspektiven. In: Michelsen, G.; Godemann, J. (Hrsg.) (2005): Handbuch Nachhaltigkeitskommunikation. Grundlagen und Praxis. München: OEKOM-Verlag: 25-41.

Michelsen, Gerd/Godemann, Jasmin (Hrsg.) (2005): Handbuch Nachhaltigkeitskommunikation. Grundlagen und Praxis. OEKOM-Verlag: München.

Münchener Rück (2006): Topics Geo. Naturkatastrophen 2006. Analysen, Bewertungen, Positionen. München: Edition Wissen.

Olmos, Santiago (2001): Vulnerability and Adaptation to Climate Change: Concepts, Issues, Assessment Methods. Climate Change Knowledge Network Foundation Paper.
http://www.cckn.net/pdf/va_foundation_final.pdf (07.06.2007).

Peters, Hans-Peter/Heinrichs, Harald (2005): Öffentliche Kommunikation über Klimawandel und Sturmflutrisiken. Bedeutungskonstruktion durch Experten, Journalisten und Bürger. Schriften des Forschungszentrums Jülich. Reihe Umwelt, Band 58.

Pidgeon, Nick/Kasperson, Roger E.; Slovic, Paul (2003): The Social Amplification of Risk. Cambridge University Press.

Pielke, Roger et al. (2007): Commentary: Lifting the taboo on adaptation. In: Nature 445, 597-598.

Plapp, Tina (2003): Wahrnehmung von Risiken aus Naturkatastrophen. Eine empirische Untersuchung in sechs gefährdeten Gebieten Süd- und

Westdeutschlands. Dissertation. Universität Fridericiana zu Karlsruhe.
Plate, Erich J./Merz, Bruno (Hrsg.) (2001): Naturkatastrophen. Ursachen, Auswirkungen, Vorsorge. Stuttgart: Schweizerbart'sche Verlagsbuchhandlung.
Renn, Ortwin (1992): The social arena concept of risk studies. In: Krimsky, S.; Golding D. (Eds.): Social Theories of Risk. Westport, CT: Praeger. S. 179-196.
Renn, Ortwin (2007): Risiko : über den gesellschaftlichen Umgang mit Unsicherheit. München : oekom Verl.
Renn, Ortwin/Rohrmann, Bernd (2000): Cross-Cultural Risk Perception. A Survey of Empirical Studies. Amsterdam: Kluwer Academic Press.
Renn, Ortwin/Zwick, Michael M. (1997): Risiko- und Technikakzeptanz. Springer-Verlag: Berlin-Heidelberg.
Ruhrmann, Georg/Kohring, Matthias (1996): Staatliche Risikokommunikation bei Katastrophen. Informationspolitik und Akzeptanz. Bundesamt für Bevölkerungsschutz und Katastrophenhilfe, Band 27. Bonn.
Schuchardt, Bastian/Schirmer, Michael (2005): Klimawandel und Küste. Die Zukunft der Unterweserregion. Berlin, Heidelberg: Springer-Verlag.
Sjöberg, Lennart (1997): Explaining risk perceptions: an empirical evaluation of cultural theory. Risk Decision and Policy, 2: 113-130.
Slovic, Paul (2000): The perception of risk. London: Earthscan Publ.
Smith, Keith (1996): Environmental Hazards. Assessing Risk and Reducing Disaster. London: Routlegde.
Stern, Nicholas et al. (2006): The Economics of Climate Change, London: HM Treasury.
Umweltbundesamt (UBA) (Hrsg.) (2006): Was sie über vorsorgenden Hochwasserschutz wissen sollten. Dessau.
Wackernagel, Mathis/Rees, Wiliam/Testemale, Phil (1997): Unser ökologischer Fußabdruck : wie der Mensch Einfluß auf die Umwelt nimmt. Basel: Birkhäuser.
Smith, Keith (2001): Environmental Hazards. Assessing risk and reducing disaster. London.
Smith, Joel. B./Richard T. Klein/Saleemul Huq (2003): Climate Change, Adaptive Capacity and Development. Imperial College Press, London.
Spaargaren, Gert/ Mol, Arthur P./ Buttel, Frederick H. (Hrsg.) (2006), Governing Environmental Flows: Global Challenges to Social Theory. Cambridge, MA: MIT Press.
Steffen, Will et al. (2004): Global Change and the Earth System: a Planet under Pressure, New York.

Susman, Paul/O'Keefe, Phil/Wisner, Ben (1983): Global Disasters: a radical interpretation. In: Hewitt, Kenneth (Ed.): Interpretations of calamity. Boston, 264-283.

Tobin, Graham A./Montz, Burrell E. (1997): Natural Hazards. Explanation and Integration. Guilford Press. New York.

Torry, William I. (1979): Hazards, Hazes and Holes: a critique of the environment as hazard and general reflection on disaster research. Canadian Geographer, 23, pp. 368-383.

Turner, R.K./Adger, W. Neil/Doctor, P. (1995): Assessing the economic cost of sea level rise. Environment and Planning A 27, 1777-1796.

Vereinte Nationen; Wirtschafts- und Sozialrat (2000): Nachhaltige Hochwasservorsorge. MP.WAT/2000/7.

Weisz, Helga (2002): Gesellschaft-Natur Koevolution. Dissertation, Humboldt-Univ., Berlin.

Wissenschaftlicher Beirat der Bundesregierung Globale Umweltveränderungen (1998): Welt im Wandel. Strategien zur Bewältigung globaler Umweltrisiken. Springer-Verlag. Berlin.

# 8. Anhang

**Fragebogen der Hauptbefragung**

Guten Tag, mein Name ist ... vom Institut XY. Wir führen zurzeit im Auftrag der Universitäten Bremen und Lüneburg eine telefonische Umfrage zum Thema „Hochwasser und Hochwasserschutz" durch und haben dazu auch Ihren Haushalt zufällig ausgewählt. Wir würden uns freuen, wenn Sie oder jemand anderes in Ihrem Haushalt, der mindestens 18 Jahre alt ist, an der Befragung teilnehmen könnte. Ihre Antworten sind selbstverständlich freiwillig und bleiben anonym. Bei der Befragung geht es in erster Linie um Ihre persönliche Meinung zu Hochwasserereignissen und zum öffentlichen und privaten Hochwasserschutz in Ihrer Region. Daraus sollen Erkenntnisse für eine Verbesserung der Informationen zum Hochwasserschutz gewonnen werden. Wir versichern Ihnen, dass alle Angaben anonym und streng vertraulich ausgewertet werden.

Bevor wir mit dem Interview beginnen, möchte ich Sie noch darauf hinweisen, dass es in dieser Befragung keine richtigen und falschen Antworten gibt. Wir sind ausschließlich an Ihren persönlichen Ansichten interessiert.

Fragen

1.
Zunächst einige allgemeine Fragen. Ich lese Ihnen verschiedene Aufgabenbereiche der Politik hier in Bremen [Hamburg] vor. Nennen Sie mir bitte die drei, die Sie für besonders wichtig halten!
1: Hochwasserschutz
2: Bildungspolitik
3: Kriminalitätsbekämpfung
4: Wirtschaftsförderung
5: Umweltschutz
6: Sozialpolitik

2.
Und nun geht es ganz allgemein um Dinge, von denen sich viele Leute bedroht fühlen. Bitte nennen Sie die drei, von denen Sie persönlich sich am meisten bedroht fühlen.
1: Umweltverschmutzung
2: Gentechnik in der Landwirtschaft
3: Hochwasser
4: Klimawandel
5: Krankheits-Epidemien
6: Armut


3.
Im Folgenden geht es um das Thema Hochwasser. Mit Hochwasser meinen wir immer ein extremes Hochwasser, bei dem auch Straßen und Gebäude überflutet sind. War Ihr jetziges Wohnhaus oder ein früher von Ihnen bewohntes Haus schon einmal von einem Hochwasser betroffen?
1: Ja
2: Nein


4.
In welchem Bundesland oder in welchen Bundesländern war das?


5.
Wie lange ist das her?
1: bis 5 Jahre
2: 5 – 9 Jahre
3: 10 – 19 Jahre
4: 20 – 29 Jahre
5: 30 Jahre und länger

Anhang 183

6.
Jetzt nenne ich Ihnen ein paar mögliche Hochwasserschäden. Sagen Sie mir bitte zu jedem, ob - und wenn ja wie schwer - Sie selbst dadurch betroffen waren.
- Finanzielle Schäden, z.B. durch Gebäudeschäden, zerstörte Einrichtungsgegenstände oder Plünderungen
- Versorgungsprobleme, z.B. kein Strom, kein Trinkwasser, defekte Telefonleitungen
- Verlust von Dingen, an denen Sie persönlich hängen, z.b. Erinnerungsstücke
- Instandsetzungsmaßnahmen, z.b. Reparaturen oder Wiederbeschaffung von Einrichtungsgegenständen
- Evakuierungen, z.b. Unterbringung in Notunterkünften
- körperliche oder psychische Folgen, z.b. Krankheiten, Epidemien oder Sorgen um Ihnen nahe stehende Menschen oder geliebte Haustiere

1: schwer betroffen
2: betroffen
3: weniger betroffen
4: nicht betroffen


7.
Wie stark interessieren Sie sich für den Hochwasserschutz
1: stark
2: etwas
3: weniger
4: gar nicht


8.
Nun nenne ich Ihnen einige Aussagen zum Thema Hochwasser.
- Das Hochwasserrisiko in meiner Region ist ein natürliches Phänomen, das hauptsächlich durch Wetterereignisse verursacht wird.
- Vor allem menschliche Aktivitäten wie Flussbegradigungen verstärken das Hochwasserrisiko in meiner Region.
- Ein Klimawandel wird das Hochwasserrisiko in meiner Region verstärken.
- Ich fühle mich durch das Hochwasserrisiko in meiner Region bedroht.

- Die nachfolgenden Generationen wären durch ein Hochwasserrisiko in meiner Region gefährdet.
- Ein Hochwasser in meiner Region wäre eine große Gefahr für Pflanzen und Tiere.

1: Trifft zu
2: Trifft eher zu
3: Trifft eher nicht zu
4: Trifft nicht zu

9.
Für wie wahrscheinlich halten Sie eine Hochwasserkatastrophe in Ihrer Region?
1: sehr wahrscheinlich
2: eher wahrscheinlich
3: eher unwahrscheinlich
4: sehr unwahrscheinlich

10.
Jetzt nenne ich Ihnen verschiedene Schäden und Beeinträchtigungen, die bei einem Hochwasser eintreten können. Bitte geben Sie jeweils an, wie schlimm diese Schäden für Sie persönlich wären.
- *Finanzielle Schäden*, z.B. durch Gebäudeschäden, zerstörte Einrichtungsgegenstände oder Plünderungen
- *Versorgungsprobleme*, z.B. kein Strom, kein Trinkwasser, defekte Telefonleitungen
- *Verlust von Dingen, an denen Sie persönlich hängen*, z.B. Erinnerungsstücke
- *Instandsetzungsmaßnahmen*, z.B. Reparaturen oder Wiederbeschaffung von Einrichtungsgegenständen
- *Evakuierungen*, z.B. Unterbringung in Notunterkünften
- *körperliche oder psychische Folgen*, z.B. Krankheiten, Epidemien oder Sorgen um Ihnen nahe stehende Menschen oder geliebte Haustiere

1: sehr schlimm
2: schlimm
3: eher schlimm
4: weniger schlimm

Anhang 185

11.
Jetzt geht es darum, wer für Hochwasserschutz und Hochwasserbewältigung in erster Linie verantwortlich ist. Bitte geben Sie zu jeder der folgenden Aussagen an, inwieweit Sie ihr zustimmen.
- Die Hochwasservorsorge ist Sache öffentlicher Einrichtungen. (INT.: BEI NACHFRAGE: z.b. durch den Bau von Deichen oder Rückhaltebecken).
- Jeder Einzelne muss selbst vorsorgen, um sich vor Hochwasserereignissen zu schützen. (INT.: BEI NACHFRAGE: z.b. Zusammenstellung einer persönlichen Notfallausrüstung).
- Die vielleicht einmal betroffenen Bürger sollten gemeinsam Vorsorgemaßnahmen treffen. (INT.: BEI NACHFRAGE: z.b.: gemeinsame Anschaffung von Schutzausrüstung)
- Im Falle eines Hochwassers sind öffentliche Einrichtungen für die Katastrophenbewältigung verantwortlich. (INT.: BEI NACHFRAGE: z.b. THW, Feuerwehr)
- Falls ein Hochwasser eintritt, müssen sich die Bürger vor allem selbst organisieren und einander helfen. (INT.: BEI NACHFRAGE: z.B. Nachbarschaftshilfe)
- Jeder einzelne ist in einer Hochwassersituation für sich selbst verantwortlich. (INT.: BEI NACHFRAGE: z.B. Wasser pumpen etc.)

1: stimme zu
2: stimme eher zu
3: stimme eher nicht zu
4: stimme nicht zu


12.
Jetzt möchte ich wissen, wie gerecht Sie den Hochwasserschutz finden.
- Schützen ihrer Meinung nach die vorhandenen Hochwasserschutzanlagen manche Menschen besser und manche schlechter? Das heißt, halten Sie die Anlagen im Hinblick auf den Schutz den sie geben, für gerecht oder ungerecht?
- Und wie gerecht sind in Ihrer Stadt die Kosten verteilt, die zur Sicherung gegen Hochwasser aufgewendet werden?
- Es gibt Verfahren, in denen Entscheidungen zum Hochwasserschutz gefunden werden. Für wie gerecht halten Sie die Entscheidungsfindung bei Ihnen vor Ort?

1: sehr gerecht
2: eher gerecht
3: eher ungerecht
4: sehr ungerecht
5: kann ich nicht beurteilen (INT.: NICHT vorlesen!)

13.
Für wie ausreichend halten Sie die öffentliche Information über Gerechtigkeitsfragen im Hochwasserschutz in Bremen [Hamburg]?
1: Völlig ausreichend
2: Eher ausreichend
3: Eher unausreichend
4: Völlig unausreichend

14.
Ab und zu wird über die Risiken eines Hochwassers in Bremen [Hamburg] berichtet.
Bitte schätzen sie ein, ...
- wie ausführlich die Medien, also Zeitungen, Radio und Fernsehen, berichten
- wie ausführlich die verantwortlichen Behörden in Ihrer Stadt informieren

1: sehr ausführlich
2: eher ausführlich
3: eher nicht ausführlich
4: nicht ausführlich

15.
Sagen Sie mir bitte, wie wichtig für Sie die folgenden Mittel sind, um Informationen zu Hochwasserrisiken in ihrer Stadt zu bekommen.
- Zeitungen, Zeitschriften
- Fachzeitschriften
- Amtliche Bekanntmachung
- Bücher
- Fernsehen
- Radio
- Internet

- Handzettel
- Persönliche Gespräche
- Informationsveranstaltungen / Seminare
- Bürgerbeteiligung

1: sehr wichtig
2: eher wichtig
3: eher unwichtig
4: sehr unwichtig

16.
Ist die Berichterstattung der Medien über Organisation und Maßnahmen des Hochwasserschutzes ...
1: zu kritisch,
2: zu unkritisch ODER
3: angemessen?

17.
Ich nenne Ihnen jetzt einige Schutzmaßnahmen zur Vermeidung von Hochwassergefahren und bitte Sie, diese jeweils in Bezug zu vier unterschiedlichen Aspekten zu setzen. Nämlich: Erstens die Wirksamkeit der Maßnahmen, Zweitens ihre Umsetzbarkeit, Drittens die Aufwändigkeit und Viertens Ihre eigene Absicht zur Durchführung der Maßnahmen.
Sagen Sie mir bitte zunächst, für wie wirksam Sie persönlich diese Schutzmaßnahmen für eine Vermeidung von Hochwassergefahren halten.
- Rechtzeitiges Einholen von Informationen zum Selbstschutz, z.B. durch Informationsbroschüren, das Internet oder Anfragen bei öffentlichen Einrichtungen
- Gegenseitige Hilfeleistungen im Nachbarschafts- und Bekanntenkreis, z.B. Weitergabe von Informationen zum Hochwasserschutz oder Hilfe bei Schutzmaßnahmen
- Anlegen einer Liste mit wichtigen Telefonnummern, z,B. von Institutionen, die im Notfall Auskunft geben können
- Maßnahmen zum Schutz der Inneneinrichtung, z.B. wertvolle Gegenstände oder teure elektronische Geräte nicht im Keller aufbewahren
- Zusammenstellen einer persönlichen Notfallausrüstung, z.B. Bereithalten von Taschenlampe und Batterieradio.

- Vermeiden von Umweltschäden, z.B. keine Lacke, Farben oder Benzinkanister im Keller oder anderen tief gelegenen Stockwerken lagern

1: sehr wirksam
2: wirksam
3: eher wirksam
4: weniger wirksam

18.
Inwieweit sind Sie selbst in der Lage, diese Schutzmaßnahmen in Ihrem eigenen Haushalt umzusetzen? Es geht also nicht darum, ob Sie sie wirklich umsetzen wollen, sondern darum, ob Sie persönlich die Möglichkeiten dazu haben.
- Rechtzeitiges Einholen von Informationen zum Selbstschutz, Nur auf Nachfrage: z.B. durch Informationsbroschüren, das Internet oder Anfragen bei öffentlichen Einrichtungen
- Gegenseitige Hilfeleistungen im Nachbarschafts- und Bekanntenkreis, Nur auf Nachfrage: z.B. Weitergabe von Informationen zum Hochwasserschutz oder Hilfe bei Schutzmaßnahmen
- Anlegen einer Liste mit wichtigen Telefonnummern, Nur auf Nachfrage: z,B. von Institutionen, die im Notfall Auskunft geben können
- Maßnahmen zum Schutz der Inneneinrichtung, Nur auf Nachfrage: z.B. wertvolle Gegenstände oder teure elektronische Geräte nicht im Keller aufbewahren
- Zusammenstellen einer persönlichen Notfallausrüstung, Nur auf Nachfrage: z.B. Bereithalten von Taschenlampe und Batterieradio
- Vermeiden von Umweltschäden, Nur auf Nachfrage: z.B. keine Lacke, Farben oder Benzinkanister im Keller oder anderen tief gelegenen Stockwerken lagern

1: voll und ganz
2: in eingeschränktem Maße
3: in geringem Maße
4: gar nicht

Anhang 189

19.
Und für wie aufwändig halten Sie es, die Schutzmaßnahmen umzusetzen? Ich nenne sie Ihnen noch einmal im Einzelnen.
- Rechtzeitiges Einholen von Informationen zum Selbstschutz, Nur auf Nachfrage: z.b. durch Informationsbroschüren, das Internet oder Anfragen bei öffentlichen Einrichtungen
- Gegenseitige Hilfeleistungen im Nachbarschafts- und Bekanntenkreis, Nur auf Nachfrage: z.B. Weitergabe von Informationen zum Hochwasserschutz oder Hilfe bei Schutzmaßnahmen
- Anlegen einer Liste mit wichtigen Telefonnummern, Nur auf Nachfrage: z,B. von Institutionen, die im Notfall Auskunft geben können
- Maßnahmen zum Schutz der Inneneinrichtung, Nur auf Nachfrage: z.B. wertvolle Gegenstände oder teure elektronische Geräte nicht im Keller aufbewahren
- Zusammenstellen einer persönlichen Notfallausrüstung, Nur auf Nachfrage: z.B. Bereithalten von Taschenlampe und Batterieradio.
- Vermeiden von Umweltschäden, Nur auf Nachfrage: z.b. keine Lacke, Farben oder Benzinkanister im Keller oder anderen tief gelegenen Stockwerken lagern

1: sehr aufwändig
2: aufwändig
3: eher aufwändig
4: weniger aufwändig


20.
Ziehen Sie es ernsthaft in Erwägung, eine oder mehrere der Schutzmaßnahmen in Ihrem eigenen Haushalt umzusetzen? – Ich nenne sie Ihnen noch einmal im Einzelnen.
- Rechtzeitiges Einholen von Informationen zum Selbstschutz, Nur auf Nachfrage: z.B. durch Informationsbroschüren, das Internet oder Anfragen bei öffentlichen Einrichtungen
- Gegenseitige Hilfeleistungen im Nachbarschafts- und Bekanntenkreis, Nur auf Nachfrage: z.B. Weitergabe von Informationen zum Hochwasserschutz oder Hilfe bei Schutzmaßnahmen
- Anlegen einer Liste mit wichtigen Telefonnummern, Nur auf Nachfrage: z,B. von Institutionen, die im Notfall Auskunft geben können

- Maßnahmen zum Schutz der Inneneinrichtung, Nur auf Nachfrage: z.B. wertvolle Gegenstände oder teure elektronische Geräte nicht im Keller aufbewahren
- Zusammenstellen einer persönlichen Notfallausrüstung, Nur auf Nachfrage: z.B. Bereithalten von Taschenlampe und Batterieradio.
- Vermeiden von Umweltschäden, Nur auf Nachfrage: z.B. keine Lacke, Farben oder Benzinkanister im Keller oder anderen tief gelegenen Stockwerken lagern

1: ganz sicher
2: vielleicht
3: eher nicht
4: auf keinen Fall
INT.: NICHT VORLESEN! NUR WENN SPONTAN GENANNT!
5: bereits durchgeführt
6: kommt wegen Wohnsituation nicht in Frage

21.
Können Sie mir Institutionen nennen, die für den Hochwasser- und Sturmflutschutz bei Ihnen vor Ort zuständig sind?
- 11: Deichverband (Deichwarte, Deichwacht)
- 12: Technisches Hilfswerk (THW)
- 13: Feuerwehr / freiwillige Feuerwehr
- 14: städtische Behörden (z.B. Deichbaubehörden, Wasserwirtschaftsbehörden, Strom- und Hafenbaubehörden, Bauamt; Stadtentwicklung; Innensenat)
- 15: Polizei / Wasserschutzpolizei
- 16: Bundeswehr
- 17: Hafen- / Küstenschutz
- 18: Deutsches Rotes Kreuz (DRK)
- 19: Arbeiter Samariterbund (ASB)
- 97: sonstiges, und zwar ... (INT.: Bitte genau notieren!)
- 98: weiß ich nicht

Anhang 191

22.
Bitte stellen Sie sich folgende Situation vor: Sie hören in den Nachrichten, dass es in Ihrer Nähe zu einem Hochwasser gekommen ist. Es wird betont, dass für die Bevölkerung vorläufig kein Grund zur Beunruhigung besteht. Wie würden Sie auf so eine Nachricht reagieren? Ich nenne Ihnen einige Aussagen dazu. Sagen Sie mir bitte zu jeder, ob Sie ihr zustimmen oder nicht zustimmen.
- Mir fallen ähnliche Hochwassersituationen ein, von denen ich gehört habe.
- Ich bin froh, dass ich durch solche Nachrichten nicht so leicht aus der Ruhe zu bringen bin wie die meisten anderen.
- Ich rufe bei Feuerwehr oder Technischem Hilfswerk an und frage, wie ich meinen Haushalt gegen Hochwasserschäden schützen kann.
- Ich sage mir, dass das Hochwasser sicher schon eingedämmt ist.
- Ich nehme mir vor, beim nächsten Umzug nicht in eine hochwassergefährdete Region zu ziehen.
- Ich würde am liebsten ganz weit wegfahren.
- Ich denke mir, dass es sich nur um ein harmloses Hochwasser handelt, da Nachrichtensprecher zu Übertreibungen neigen.
- Ich bleibe ganz ruhig.

1: Ich stimme zu
2: Ich stimme nicht zu


23.
Bei den nun folgenden Aussagen geht es um den Zusammenhang von Hochwasser und Klima. Bitte geben Sie jeweils an, inwieweit Sie ihnen zustimmen.
- Der Klimawandel wird vor allem durch den Menschen verursacht.
- Der Klimawandel ist ein Phänomen, das hauptsächlich durch natürliche Klimaschwankungen verursacht wird.
- Wegen der Gefahr eines zukünftigen Klimawandels sollte der Hochwasserschutz in Bremen [Hamburg] verstärkt werden.
- Der mögliche Klimawandel rechtfertigt im Moment noch keinen kostspieligen Ausbau der Deiche und anderer Hochwasserschutzanlagen in Bremen [Hamburg].
- Die bestehenden Hochwasserschutz-Einrichtungen in Bremen [Hamburg] werden die Sicherheit bei anstehenden Hochwasserereignissen gewährleisten.

- Der Klimawandel wird in einigen Jahrzehnten in Bremen [Hamburg] zu Hochwasserereignissen führen, vor denen die jetzigen Schutzeinrichtungen keine Sicherheit bieten können.

1: stimme zu
2: stimme eher zu
3: stimme eher nicht zu
4: stimme nicht zu

24.
Die meisten Forscher gehen davon aus, dass der Klimawandel auf menschliche Einflüsse zurückzuführen ist. Wie sehr sind Sie selbst davon überzeugt, ...
- dass der Klimawandel noch verhindert werden kann?
- dass wir in Deutschland die aus dem Klimawandel folgenden Probleme bewältigen können?

1: sehr überzeugt
2: eher überzeugt
3: eher nicht überzeugt
4: überhaupt nicht überzeugt

25.
War die Hochwasserkatastrophe 2002 in Ostdeutschland Ihrer Meinung nach bereits Ausdruck des Klimawandels?
1: Ja
2: Eher ja
3: Eher Nein
4: Nein

26.
Haben Hochwasser und Wetterextreme der letzten Zeit Ihre Bereitschaft verändert, etwas gegen den Klimawandel zu tun?
1: Ja
2: Eher ja
3: Eher Nein
4: Nein

Anhang 193

27.
Finden Sie, dass die Berichterstattung der Medien die Klimarisiken ...
1: eher aufbauscht,
2: eher verharmlost ODER
3: im Großen und Ganzen angemessen darstellt?

Im Folgenden geht es nicht mehr speziell um Hochwasser, sondern um verschiedene Bereiche.

28.
Antworten Sie bitte einfach mit Ja oder Nein, je nachdem, was für Sie zutrifft.
- an der letzten Bundestagswahl teilgenommen
- bei einer Unterschriftenaktion mitgemacht
- an einer Demonstration teilgenommen
- einer Partei beigetreten
- beim Hochwasserschutz aktiv gewesen
- in einer Menschenrechts- oder Umweltschutzgruppe mitgearbeitet, z.B.
- Greenpeace, Amnesty International etc.
- mit anderen Bürgern im Stadtteil zusammengearbeitet um Probleme vor Ort zu lösen

1: ja, habe ich bereits getan
2: nein, habe ich noch nicht getan

29.
Wie stehen sie zu den folgenden Aussagen?
- Politische Entscheidungen sollten sich mehr an moralischen Aspekten orientieren, als an wirtschaftlichen oder technischen Erwägungen.
- Die offizielle Politik hat sich immer mehr von den Wünschen und Bedürfnissen der Bevölkerung entfernt.
- Für mich ist es wichtig, im Alltag die Folgen des eigenen Verhaltens für die Umwelt zu berücksichtigen.
- Ein Engagement in kleinen Gruppen vor Ort ist heutzutage wichtiger als die Mitarbeit in politischen Parteien.
- Um die politischen Entscheidungen besser beeinflussen zu können, müssen wir uns stärker politisch betätigen.

1: stimme sehr zu
2: stimme eher zu
3: stimme eher nicht zu
4: stimme überhaupt nicht zu

30.
Kennen Sie einige von den folgenden Formen der Öffentlichkeitsbeteiligung? Bitte nennen Sie alle, die Sie kennen.
- 11: Zukunftswerkstatt
- 12: Planungszelle
- 13: Arbeitsgruppe
- 14: Bürgerversammlungen
- 15: Runder Tisch
- 16: Planfeststellungsverfahren
- 17: Workshop
- 18: Forum
- 19: Diskussionsrunden
- 20: Ortsbegehungen
- 21: Verbandsbeteiligungen
- 22: Beirats- oder Ausschusssitzungen

31.
Haben Sie daran schon mal teilgenommen? Bitte nennen Sie alle, an denen Sie schon einmal teilgenommen haben.
*nur die in Q30 genannten Codes einblenden
- 11: Zukunftswerkstatt
- 12: Planungszelle
- 13: Arbeitsgruppe
- 14: Bürgerversammlungen
- 15: Runder Tisch
- 16: Planfeststellungsverfahren
- 17: Workshop
- 18: Forum
- 19: Diskussionsrunden
- 20: Ortsbegehungen
- 21: Verbandsbeteiligungen
- 22: Beirats- oder Ausschusssitzungen

32.
Bitte sagen Sie mir zu jeder der folgenden Aussage, ob Sie dieser zustimmen oder diese ablehnen!
- Meiner Ansicht nach gibt es auf alle Fragen immer nur eine richtige Antwort.
- Wenn es einen Streit gibt, haben oft beide Seiten Recht.
- Ich habe einen großen Freundes- und Bekanntenkreis in der Gegend in der ich wohne.
- Unter meinen Freunden und Bekannten ist es üblich, dass man sich gegenseitig hilft.
- Innerhalb meiner Nachbarschaft gibt es einen Zusammenhalt.
- Vereine oder andere Zusammenschlüsse bieten mir sozialen Rückhalt.

1: stimme sehr zu
2: stimme eher zu
3: stimme eher nicht zu
4: stimme überhaupt nicht zu


33.
Und wie stehen Sie zu den folgenden Behauptungen?
- Bis jetzt sind die Menschen mit jedem Problem fertig geworden.
- Über Dinge die morgen passieren können, soll man sich nicht so viele Gedanken machen.
- Obwohl sich ständig sehr viel ändert, weiß man im Großen und Ganzen doch, was man zu erwarten hat.
- Lokale Umweltprobleme werden überwiegend an weit entfernten Orten verursacht.
- Alle Geschehnisse auf der Welt sind miteinander verknüpft.
- Wenn es fernen Ländern wirtschaftlich gut geht, hat dies positive Auswirkungen auf meine Stadt.

1: stimme sehr zu
2: stimme eher zu
3: stimme eher nicht zu
4: stimme überhaupt nicht zu

34.
Sind Sie alles in allem eher ein vorsichtiger oder eher ein risikobereiter Mensch?
1: sehr vorsichtig
2: eher vorsichtig
3: eher risikobereit
4: sehr risikobereit


35.
Es gibt Menschen, die sind misstrauisch, andere fassen schnell Vertrauen. Wie ist das bei Ihnen?
1: sehr misstrauisch
2: eher misstrauisch
3: eher vertrauensvoll
4: sehr vertrauensvoll


Zum Abschluss unseres Interviews benötigen wir von Ihnen noch einige persönliche Angaben. Sie dienen nur statistischen Zwecken und unterliegen strengster Vertraulichkeit und werden anonym ausgewertet.


36.
Darf ich Sie zunächst nach Ihrem Geburtsjahr fragen?
— — — —


37.
Bitte Geschlecht des/der Befragten eingeben.
1: männlich
2: weiblich

38.
Sind Sie Mieter oder Eigentümer der von Ihnen bewohnten Wohnräume?
1: Mieter
2: Untermieter
3: Eigentümer bzw. Miteigentümer
4: Familienangehörige(r) des Mieters / Eigentümers
5: Wohnrechtsinhaber


39.
Welcher Art ist das von Ihnen bewohnte Haus zuzuordnen?
1: freistehendes, mehrstöckiges Haus
2: freistehendes, ebenerdiges Haus bzw. Bungalow
3: mehrstöckiges Reihenhaus oder Mehrfamilienhaus
4: ebenerdiges Reihenhaus bzw. Bungalow


40.
Wie viele Personen leben insgesamt in Ihrem Haushalt – Sie selbst und alle Kinder eingeschlossen?
- von diesen Personen sind Erwachsene?
- sind Kinder bzw. Jugendliche unter 14 Jahren?
- sind Jugendliche unter 18 Jahren?
- __ __ Personen


41.
Welches Stockwerk bzw. welche Stockwerke bewohnen Sie?
1: Souterrain
2: Erdgeschoss
3: Hochparterre
4: 1. Stockwerk
5: 2. Stockwerk
6: höher als 2. Stockwerk

42.
Haben Sie einen Keller?
1: ja
2: nein

43.
Wie nutzen Sie Ihren Keller?
1: Lagerraum
2: Aufbewahrung wertvoller Gegenstände
3: Hobbykeller
4: Wohnraum
5: Schlafraum
6: für andere Zwecke
7: gar nicht

44.
Wie lange leben Sie schon in dem Haus / in der Wohnung, in dem / der Sie momentan wohnen?
Seit __ __ Jahren

45.
Seit wie vielen Jahren wohnen Sie ...
- in Bremen [Hamburg]?
- and der Weser [Elbe]?

Seit __ __ Jahren

46.
Wissen Sie in etwa, wie hoch das Haus, in dem Sie wohnen, über bzw. unter dem Meeresspiegel liegt?
1: Ja
2: Nein

47.
Wie hoch ist es gelegen?
-/+ __ __ Meter über dem Meeresspiegel

48.
Leisten Sie bzw. ein anderes Haushaltsmitglied, einen eigenen finanziellen Beitrag zum Hochwasserschutz in Bremen [Hamburg]?
1: ja
2: nein
3: weiß nicht

49.
Können Sie mir sagen, wie hoch der Beitrag ungefähr ist, den Sie pro Jahr zahlen?
1: unter 15 Euro
2: 15 – 30 Euro
3: 31 – 100 Euro
4: mehr als 100 Euro
5: nein, weiß ich nicht

50.
Hat Ihr Haushalt eine Versicherung, die für Hochwasserschäden aufkommen würde?
1: ja
2: nein
3: mitversichert, z.B. über Partner, Eltern
4: weiß ich nicht

51.
Was ist Ihr derzeit höchster Schulabschluss?
- 1: gehe noch zur Schule
- 2: Volks- oder Hauptschule (INT.: 8.-, 9.- und 10.-klassiger HS-Abschluss)
- 3: weiterbildende Schule ohne Abitur (Realschule, 10-klassige polytechnische OS)

- 4: Abitur, Hochschulreife, Fachhochschulreife (Gymnasium, 12-klassige erweiterte OS)
- 5: kein Schulabschluss

52.
Und welcher Art ist Ihr derzeitiger Berufsabschluss?
- 1: noch Auszubildende/r
- 2: noch Student/in
- 3: abgeschlossene betriebliche Berufsausbildung
- 4: abgeschlossene schulische Berufsausbildung
- 5: abgeschlossenes Studium (Universität, Akademie, Fachhochschule, Technikum)
- 6: kein Beruf / keine Ausbildung

53.
Wie hoch ist das monatliche Nettoeinkommen Ihres Haushalts nach Abzug der Steuern und Sozialversicherung insgesamt?
11: bis unter 500 Euro
12: 500 bis unter 750 Euro
13: 750 bis unter 1000 Euro
14: 1000 bis unter 1250 Euro
15: 1250 bis unter 1500 Euro
16: 1500 bis unter 1750 Euro
17: 1750 bis unter 2000 Euro
18: 2000 bis unter 2500 Euro
19: 2500 bis unter 3000 Euro
20: 3000 bis unter 3500 Euro
21: 3500 bis unter 4000 Euro
22: 4000 Euro und mehr


Damit sind wir am Ende des Interviews angekommen. Vielen Dank, dass Sie sich hierfür Zeit genommen haben. Auf Wiederhören!

MIX
Papier aus verantwortungsvollen Quellen
Paper from responsible sources
FSC® C105338

If you have any concerns about our products,
you can contact us on
**ProductSafety@springernature.com**

In case Publisher is established outside the EU,
the EU authorized representative is:
**Springer Nature Customer Service Center GmbH
Europaplatz 3, 69115 Heidelberg, Germany**

Printed by Libri Plureos GmbH
in Hamburg, Germany